感知生命

闫祖书 陈帝伊 唐海波 主编

科学出版社
北京

内 容 简 介

本书共 16 章，围绕"生命教育"的主题，从哲学探索、自然和谐、民族精神、中华文明、艺术美学等多个维度进行了深入探索与阐述。在"感知生命"课程方案的引领下，大学生们将亲身接触自然，汲取人文历史积淀，体验生命成长，感受生命力量，领悟生命之美。通过农技农艺实操、采摘体验等，大学生将与自然互动，逐步建立对生命的敬畏与爱护。这些生命教育活动将促进大学生群体形成正确的生命认知与积极态度，奠定个人成长基础，并为其将来发挥专长、服务社会、贡献国家提供强大精神动力与生命支撑。

本书适合作为综合类、师范类、农林类等普通高等学校对本科生、研究生进行生命健康教育的教材，也可供相关教师、工作人员参考。

图书在版编目（CIP）数据

感知生命 / 闫祖书，陈帝伊，唐海波主编. -- 北京：科学出版社，2025.3. -- ISBN 978-7-03-081491-3

Ⅰ.Q1-0

中国国家版本馆 CIP 数据核字第 2025G1J836 号

责任编辑：王玉时 / 责任校对：严　娜
责任印制：赵　博 / 封面设计：马晓敏

科学出版社 出版
北京东黄城根北街 16 号
邮政编码：100717
http://www.sciencep.com

天津市新科印刷有限公司印刷
科学出版社发行　各地新华书店经销
*

2025 年 3 月第 一 版　　开本：787×1092　1/16
2025 年 9 月第二次印刷　印张：10 1/2
字数：249 000

定价：59.80 元
（如有印装质量问题，我社负责调换）

《感知生命》编写委员会

主　编　闫祖书　陈帝伊　唐海波

副主编　秦晓梁　黄　镇　赵　冰　宋军阳　李可琪　符　丹
　　　　　王　军　白金凤　牛雅杰　代江燕　王淑珍　窦　龙
　　　　　胡　凡　夏　天　张黄榕　温舒悦　文　晨

参　编（按姓氏汉语拼音排序）
　　　　　白英霞（内蒙古农业大学）
　　　　　陈景堂（青岛农业大学）
　　　　　陈秋媛（北京大学）
　　　　　高天智（长安大学）
　　　　　耿　新（东南大学）
　　　　　罗黎敏（浙江农林大学）
　　　　　石书兵（新疆农业大学）
　　　　　苏　屹（哈尔滨工程大学）
　　　　　田新龙（海南大学）
　　　　　王耀明（陕西师范大学）
　　　　　乌云娜（大连民族大学）
　　　　　夏　晨（中国农业科学院）
　　　　　徐　岚（厦门大学）
　　　　　薛周利（西安交通大学）

《感知生命》教学课件索取单

凡使用本书作为授课教材的高校主讲教师，可获赠教学课件一份。欢迎通过以下两种方式之一与我们联系。

1. 关注微信公众号"科学 EDU"索取教学课件

扫码关注→"样书课件"→"申请流程说明"

2. 填写以下表格，扫描或拍照后发送至联系人邮箱

姓名：	职称：	职务：
手机：	邮箱：	学校及院系：
本门课程名称：		本门课程每年选课人数：
您对本书的评价及下一版的修改建议：		
推荐国外优秀教材名称/作者/出版社：		院系教学使用证明（公章）：

联系人：王玉时 编辑　　电话：010-64034871　　邮箱：wangyushi@mail.sciencep.com

序　言

"大学之道，在明明德，在亲民，在止于至善。"习近平总书记在全国高校思想政治工作会议上讲话时强调："要坚持把立德树人作为中心环节，把思想政治工作贯穿教育教学全过程，实现全程育人、全方位育人，努力开创我国高等教育事业发展新局面。""培养什么人、怎样培养人、为谁培养人是教育的根本问题，也是建设教育强国的核心课题。"我国高等教育肩负着培养德智体美劳全面发展的社会主义事业建设者和接班人的重大任务，承载着塑造灵魂、塑造生命、塑造新人的时代重任，要把立德树人内化到大学建设和管理各领域、各方面、各环节，做到以立德为根本，以树人为核心，坚持为党育人、为国育才。

我校自1934年建校以来，始终坚守"民为国本，食为民天，树德务滋，树基务坚"的教育理念。在当前新质生产力不断加快发展、人工智能飞速突破进步的背景下，心理健康的需求不断攀升，2023年，教育部等十七部门联合印发了《全面加强和改进新时代学生心理健康工作专项行动计划（2023—2025年）》。作为一名本硕博均就读于西北农林科技大学的学生，毕业后留校从事辅导员岗位等学生工作经历和在陕西青年职业学院、地方政府等单位的历练，让我深知高校大学生德智体美劳全面协调发展的重要性和生命健康教育的必要性，我将把敬重生命、敬畏自然作为学校努力的方向，不断促进学生德智体美劳全面发展。

西北农林科技大学作为第一所由高校和科研单位合并组建的综合性全国重点大学，承担着为西部地区农业发展提供技术支撑和人才支持的重任，是中央在西北地区部署的农业教育及科研重镇，始终遵循立德树人的根本任务指引，做符合教育规律的教学工作，全面落实"教育必须为社会主义现代化建设服务、为人民服务，必须与生产劳动和社会实践相结合，培养德智体美劳全面发展的社会主义建设者和接班人"的教育方针，不断助力我国教育强国建设发展。

我校坚持"生命至上，健康第一"的基本原则，结合农林院校的特点，制订了契合学生成长的"感悟生命"系列教育课程，旨在通过"生命教育"，让学生在尊重自己生命的同时，尊重他人生命，快乐学习，健康成长，呈现阳光生命的心态，不断推进美丽校园、和谐社会，让学生们在强国建设、复兴伟业中贡献自己的青春力量。

西北农林科技大学党委书记
黄思光
2024年7月

前　言

在当代中国，经济的高速增长与社会节奏的急剧加速，不仅重塑了社会价值观，也深刻影响着高等教育的生态环境。高等教育普及化的浪潮加剧了学生群体在升学与就业领域的竞争态势，尤其是大学生，因年龄增长、家庭责任加重及社会对高层次人才期望的提升，他们所承受的家庭与社会压力显著增强。这一背景下，生命困惑频发，成为影响大学生心理健康不可忽视的因素。因此，生命教育的迫切性与重要性愈发凸显，成为全社会共同关注的焦点，也推动其步入快速发展的快车道。

自2021年以来，国家教育部门连续出台多项重磅政策，为生命教育的发展指明了方向。《生命安全与健康教育进中小学课程教材指南》的颁布，明确了"生命至上，健康第一"的教育原则，将心理健康作为关键领域之一纳入教育体系。随后，《义务教育课程方案和课程标准（2022年版）》的发布，进一步将生命安全与健康教育融入基础教育课程，增强了课程的思想性与实践性。而《全面加强和改进新时代学生心理健康工作专项行动计划（2023—2025年）》的联合印发，更是将青少年学生的心理健康提升至国家战略高度，彰显了国家对这一领域的深切关怀与坚定决心。然而，尽管生命教育在基础教育领域取得了显著进展，但高校大学生阶段的生命教育仍显滞后，缺乏针对性的课程方案与实施路径。鉴于研究生群体的特殊性及其对生命教育的迫切需求，一套专为其设计的生命教育课程方案显得尤为必要与紧迫。

在此背景下，西北农林科技大学积极响应时代召唤，秉承"生命至上"的价值理念，深入挖掘"生命意义"的深刻内涵，结合农林院校的独特优势，精心打造了"感知生命"教育课程方案。该方案紧密贴合研究生阶段学生的学习与生活实际，内容丰富、形式多样，既注重理论知识的传授，又强调实践活动的参与，旨在通过全方位、多层次的教育手段，引导研究生深刻感悟生命之美，树立正确的生命观与价值观。

在"感知生命"课程方案的引领下，大学生们将有机会亲身接触自然，从人文历史的厚重积淀中汲取生命智慧，从名山大川的壮丽景观中感受生命力量，从特色植物的种植与养护中体验生命成长，从压花插花的艺术实践中领悟生命之美。此外，通过农技农艺的实操训练、鲜花果实的采摘体验及野外基地的深入探寻，大学生们将在与自然的亲密互动中，逐步建立起对生命的敬畏之心与爱护之情，学会在尊重自己生命的同时，也尊重并关爱他人的生命。最终，这一系列富有创意与实效的生命教育活动，将有力促进大学生群体形成对生命的正确认知与积极态度，为其个人成长与发展奠定坚实的基础。同时，也为他们将来在各自领域内发挥专长、服务社会、贡献国家提供了强大的精神动力与生命支撑。

编　者
2024年9月

目　录

序言

前言

第一章　生命与哲学探索：以张载祠为例——胸怀"国之大者"，感悟思想伟力 ········ 1
　一、学习目标 ········ 1
　二、背景资料 ········ 1
　　（一）张载的生平介绍 ········ 1
　　（二）张载祠的前世今生 ········ 2
　三、教学内容 ········ 3
　　（一）为天地立心 ········ 4
　　（二）为生民立命 ········ 4
　　（三）为往圣继绝学 ········ 5
　　（四）为万世开太平 ········ 5
　四、教学重点与难点 ········ 6
　　（一）教学重点 ········ 6
　　（二）教学难点 ········ 6
　五、教学设计 ········ 6
　　（一）导入新课（5min） ········ 6
　　（二）讲授新课（40min） ········ 6
　　（三）课堂互动（15min） ········ 6
　　（四）实地考察（30min） ········ 7
　　（五）布置作业（5min） ········ 7
　六、思考与练习 ········ 7
　七、拓展阅读 ········ 7
　　（一）多媒体资源 ········ 7
　　（二）图书资源 ········ 7
　八、教师札记 ········ 7
　九、主要参考文献 ········ 8

第二章　生命与自然和谐：以长白山为例——攀长白雪峰之巅，悟林海自然之魂 ······ 10
　一、学习目标 ········ 10

二、背景资料 ········· 10
（一）长白山概况 ········· 10
（二）长白山地理位置 ········· 11
（三）长白山生态环境 ········· 11
（四）长白山气候 ········· 11
三、教学内容 ········· 12
（一）厚重的人文历史景观 ········· 12
（二）长白山西景区 ········· 13
（三）长白山北景区 ········· 13
（四）长白山南景区 ········· 14
四、教学重点与难点 ········· 15
（一）教学重点 ········· 15
（二）教学难点 ········· 15
五、教学设计 ········· 15
（一）导入新课（5min） ········· 15
（二）讲授新课（20min） ········· 16
（三）课堂互动（15min） ········· 16
（四）实地考察（120min） ········· 16
（五）布置作业（5min） ········· 16
六、思考与练习 ········· 16
七、拓展阅读 ········· 17
（一）多媒体资源 ········· 17
（二）图书资源 ········· 17
八、教师札记 ········· 17
九、主要参考文献 ········· 18

第三章 生命与民族精神：以壶口瀑布为例——探寻黄河奇观，凝聚民族之魂 ········· 19
一、学习目标 ········· 19
二、背景资料 ········· 19
（一）壶口瀑布简介 ········· 19
（二）八大自然景观 ········· 19
三、教学内容 ········· 20
（一）孟门山 ········· 20
（二）清代长城河清门 ········· 21
（三）农业发展与民俗文化 ········· 22
（四）壶口瀑布蕴含的哲理 ········· 22
（五）思政教育 ········· 23
（六）相关文学作品 ········· 23
四、教学重点与难点 ········· 24

（一）教学重点 ··· 24
　　　（二）教学难点 ··· 24
　五、教学设计 ··· 25
　　　（一）导入新课（5min） ··· 25
　　　（二）讲授新课（20min） ·· 25
　　　（三）课堂互动（15min） ·· 25
　　　（四）实地考察（120min） ··· 25
　　　（五）布置作业（5min） ··· 25
　六、思考与练习 ··· 26
　七、拓展阅读 ··· 26
　　　（一）多媒体资源 ··· 26
　　　（二）图书资源 ··· 26
　八、教师札记 ··· 26
　九、主要参考文献 ··· 27

第四章　生命与儒家哲学：以曲阜孔庙为例——曲阜孔庙明道，生命教育树人 ······ 28
　一、学习目标 ··· 28
　二、背景资料 ··· 28
　　　（一）曲阜孔庙的前世今生 ·· 28
　　　（二）孔子生平及其思想概述 ·· 30
　三、教学内容 ··· 31
　四、教学重点与难点 ··· 33
　　　（一）教学重点 ··· 33
　　　（二）教学难点 ··· 33
　五、教学设计 ··· 34
　　　（一）导入新课（5min） ··· 34
　　　（二）讲授新课（40min） ·· 34
　　　（三）课堂互动（15min） ·· 34
　　　（四）实地考察（120min） ··· 34
　　　（五）布置作业（15min） ·· 35
　六、思考与练习 ··· 35
　七、拓展阅读 ··· 35
　　　（一）多媒体资源 ··· 35
　　　（二）图书资源 ··· 35
　八、教师札记 ··· 35
　九、主要参考文献 ··· 36

第五章　生命与中华文明：以黄帝陵为例——拜谒黄帝陵，践行华夏情 ············ 37
　一、学习目标 ··· 37

二、背景资料 ··· 37
    （一）黄帝陵介绍 ··· 37
    （二）背景介绍 ··· 37
三、教学内容 ··· 38
    （一）黄帝陵的建筑与景观 ·· 38
    （二）黄帝陵的历史价值和黄帝文化、根亲文化 ································· 39
    （三）民俗文化 ··· 41
四、教学重点与难点 ·· 42
    （一）教学重点 ··· 42
    （二）教学难点 ··· 43
五、教学设计 ··· 43
    （一）导入新课（5min） ·· 43
    （二）讲授新课（20min） ·· 43
    （三）课堂互动（15min） ·· 44
    （四）实地考察（120min） ·· 45
    （五）布置作业（15min） ·· 45
六、思考与练习 ·· 45
七、拓展阅读 ··· 45
    （一）多媒体资源 ·· 45
    （二）文学作品 ··· 46
八、教师札记 ··· 46
九、主要参考文献 ··· 46

第六章 艺术与生命探索：以泉州洛阳桥为例——感悟工匠创新，领略建筑智慧 ··· 47
一、学习目标 ··· 47
二、背景资料 ··· 47
    （一）洛阳桥的建设历史背景 ·· 47
    （二）洛阳桥的美丽传说 ·· 48
    （三）洛阳桥的建造技艺与文化贡献 ·· 48
三、教学内容 ··· 49
    （一）工匠精神与创新精神 ··· 49
    （二）古代"海上丝绸之路"的繁荣盛景 ··· 50
    （三）洛阳桥下的红树林与生态建设传承 ······································· 51
四、教学重点与难点 ·· 51
    （一）教学重点 ··· 51
    （二）教学难点 ··· 52
五、教学设计 ··· 52
    （一）导入新课（5min） ·· 52
    （二）讲授新课（40min） ·· 52

　　　　（三）课堂互动（15min） 53
　　　　（四）实地考察（30min） 53
　　　　（五）布置作业（5min） 53
　　六、思考与练习 53
　　七、拓展阅读 54
　　　　（一）多媒体资源 54
　　　　（二）图书资源 54
　　八、教师札记 54
　　九、主要参考文献 54

第七章　生命与艺术美学：以插花学习为例 55
　　一、学习目标 55
　　二、背景资料 55
　　　　（一）东方式插花 56
　　　　（二）西方式插花 58
　　三、教学内容 59
　　　　（一）花束的概念 60
　　　　（二）花束的类型 60
　　　　（三）花束的制作步骤 60
　　四、教学重点与难点 61
　　　　（一）教学重点 61
　　　　（二）教学难点 61
　　五、教学设计 61
　　　　（一）导入新课（5min） 61
　　　　（二）讲授新课（40min） 61
　　　　（三）实践体验（45min） 61
　　　　（四）相互评选（30min） 62
　　　　（五）总结（5min） 62
　　六、思考与练习 62
　　七、拓展阅读 62
　　　　（一）多媒体资源 62
　　　　（二）图书资源 62
　　八、教师札记 62
　　九、主要参考文献 63

第八章　生命与物种繁衍：以油菜杂交授粉体验为例 64
　　一、学习目标 64
　　二、背景资料 64
　　　　（一）油菜的起源及我国油菜种植区分布 64

（二）油菜的形态特征与生长习性 65
　　（三）油菜的多功能利用价值 66
三、教学内容 67
　　（一）杂交育种的原理与重要性 67
　　（二）油菜杂交授粉的步骤 68
四、教学重点与难点 69
　　（一）教学重点 69
　　（二）教学难点 69
五、教学设计 70
　　（一）导入新课（5min） 70
　　（二）讲授新课（20min） 70
　　（三）课堂互动（30min） 70
　　（四）实地考察（50min） 71
　　（五）布置作业（5min） 71
六、思考与练习 72
七、拓展阅读 72
　　（一）多媒体资源 72
　　（二）图书资源 72
八、教师札记 72
九、主要参考文献 73

第九章　生命与农耕文化：以玉米种植收获体验为例 74
一、学习目标 74
二、背景资料 74
　　（一）玉米的发现与我国玉米种植区分布 74
　　（二）玉米的食用、药用价值 75
　　（三）玉米生长阶段及栽培要点 76
三、教学内容 77
　　（一）玉米苗期——原本充满不同点 77
　　（二）玉米孕穗期——需要把握关键点 78
　　（三）玉米收获——获得幸福简单点 78
　　（四）综合利用——处处都是闪光点 78
四、教学重点与难点 79
　　（一）教学重点 79
　　（二）教学难点 79
五、教学设计 79
　　（一）导入新课（5min） 79
　　（二）讲授新课（20min） 80
　　（三）课堂互动（30min） 80

　　　　（四）实地考察（45min） 80
　　　　（五）布置作业（5min） 80
　　六、思考与练习 80
　　七、拓展阅读 81
　　　　（一）多媒体资源 81
　　　　（二）图书资源 81
　　八、教师札记 81
　　九、主要参考文献 81

第十章　生命与自然生物：以盆景感悟植物生命力量为例 83
　　一、学习目标 83
　　二、背景资料 83
　　　　（一）盆景的起源 83
　　　　（二）盆景的发展 84
　　三、教学内容 87
　　　　（一）盆景如何立意 87
　　　　（二）盆景艺术的生命哲学思考 87
　　四、教学重点与难点 88
　　　　（一）教学重点 88
　　　　（二）教学难点 88
　　五、教学设计 89
　　　　（一）导入新课（5min） 89
　　　　（二）讲授新课（40min） 89
　　　　（三）课堂互动（15min） 89
　　　　（四）案例分析（30min） 89
　　　　（五）布置作业（5min） 89
　　六、思考与练习 89
　　七、拓展阅读 90
　　　　（一）多媒体资源 90
　　　　（二）图书资源 90
　　八、教师札记 90
　　九、主要参考文献 91

第十一章　生命与雅致生活：以压花艺术体验为例 92
　　一、学习目标 92
　　二、背景资料 92
　　　　（一）压花艺术简介 92
　　　　（二）压花的制作工艺 93
　　　　（三）干花产业概况 94

（四）压花与园艺疗法 ··· 95
三、教学内容 ··· 95
　　（一）花材的采集 ··· 96
　　（二）花材的压制 ··· 96
　　（三）压花作品的制作 ·· 98
四、教学重点与难点 ·· 100
　　（一）教学重点 ··· 100
　　（二）教学难点 ··· 100
五、教学设计 ·· 100
　　（一）导入新课（5min） ··· 100
　　（二）讲授新课（20min） ·· 100
　　（三）作品制作（120min） ··· 101
　　（四）作品赏析（30min） ·· 101
　　（五）课后答疑（5min） ··· 101
六、思考与练习 ·· 101
七、拓展阅读 ·· 102
　　（一）多媒体资源 ·· 102
　　（二）图书资源 ··· 102
八、教师札记 ·· 102
九、主要参考文献 ·· 102

第十二章　生命与内心探索：以表达性艺术疗愈体验为例 ············ 104
一、学习目标 ·· 104
二、背景资料 ·· 104
　　（一）表达性艺术治疗的历史和理论基础 ····························· 104
　　（二）表达性艺术治疗分类 ··· 106
三、教学内容 ·· 109
　　（一）表达性艺术疗愈初创阶段 ······································ 109
　　（二）表达性艺术疗愈工作阶段 ······································ 110
　　（三）表达性艺术疗愈结束阶段 ······································ 112
四、教学重点与难点 ·· 112
　　（一）教学重点 ··· 112
　　（二）教学难点 ··· 113
五、教学设计 ·· 113
　　（一）导入新课——初创阶段（35min） ····························· 113
　　（二）讲授新课——工作阶段（110min） ···························· 113
　　（三）结束阶段（35min） ·· 113
六、思考与练习 ·· 113
七、拓展阅读 ·· 114

八、教师札记 114
　　九、主要参考文献 115

第十三章　生命与心灵成长：以自我效能提升为例——"心"力量，新成长 116
　　一、学习目标 116
　　二、背景资料 116
　　　（一）自我效能感的含义 116
　　　（二）影响自我效能感的因素 117
　　　（三）自我效能感与大学生活 118
　　三、活动方案 119
　　　（一）目标任务 119
　　　（二）关键词 119
　　　（三）活动说明 119
　　　（四）活动设计与流程 119
　　四、教学重点与难点 121
　　五、思考与练习 122
　　六、拓展阅读 122
　　七、教师札记 122
　　八、主要参考文献 123

第十四章　生命与精神世界：以情绪认知、调节与自我成长为例 124
　　一、学习目标 124
　　二、背景资料 124
　　　（一）情绪的基本理论 124
　　　（二）情绪对人的健康、学习、生活等的影响 125
　　　（三）积极的情绪表达、调节的方法与技巧 127
　　三、团体活动方案 129
　　　（一）借助OH卡牌设计情绪主题的团体心理辅导方案 129
　　　（二）大学生压力管理团队辅导方案 130
　　四、思考与练习 132
　　五、拓展阅读 132
　　六、教师札记 133
　　七、主要参考文献 133

第十五章　生命与人际交往：以探索关系中的自我与成长为例 134
　　一、学习目标 134
　　二、背景资料 134
　　　（一）萨提亚模式及其在中国的推广 134
　　　（二）萨提亚模式的主要理念和观点 135

（三）萨提亚模式在研究生团体辅导中的应用 ………………………… 136
　三、团体活动方案 ……………………………………………………………… 136
　　（一）画冰山图——探索行为模式及深层原因 ………………………… 136
　　（二）画原生家庭图——探索在关系中的成长 ………………………… 138
　四、教学说明与总结 …………………………………………………………… 139
　五、学生反馈 …………………………………………………………………… 139
　六、思考与练习 ………………………………………………………………… 140
　七、拓展阅读 …………………………………………………………………… 141
　八、教师札记 …………………………………………………………………… 141
　九、主要参考文献 ……………………………………………………………… 142

第十六章　生命与自我认知：以优势发展与自我成长为例 ……………… 143
　一、学习目标 …………………………………………………………………… 143
　二、背景资料 …………………………………………………………………… 143
　　（一）优势理论提出的背景 ………………………………………………… 143
　　（二）优势理论的主要观点 ………………………………………………… 144
　　（三）积极心理学视角下优势理论的应用 ………………………………… 144
　三、团体活动方案 ……………………………………………………………… 145
　　（一）24 项品格优势探索 ………………………………………………… 145
　　（二）盖洛普天赋才干主题探索 …………………………………………… 146
　四、教学说明与总结 …………………………………………………………… 147
　五、学生反馈 …………………………………………………………………… 147
　六、思考与练习 ………………………………………………………………… 148
　七、拓展阅读 …………………………………………………………………… 149
　八、教师札记 …………………………………………………………………… 149
　九、主要参考文献 ……………………………………………………………… 150

第一章 生命与哲学探索：以张载祠为例
——胸怀"国之大者"，感悟思想伟力

一、学习目标

● 了解关学创始人、宋代大儒张载的生命历程，感受张载在逆境中的乐观态度和坚韧不拔的精神。
● 了解陕西省眉县张载祠的历史渊源。
● 了解张载"横渠四句"对当代青年成长的价值意蕴，建立健康的生死观，正视生命的有限性。
● 引导学生体会张载对生命的感悟，激发对人生意义的思考。

二、背景资料

（一）张载的生平介绍

张载，字子厚，世称横渠先生，尊号张子，生于北宋天禧四年（1020年），殁于熙宁十年（1077年）十二月六日。其祖籍大梁（现河南省开封市），生于京师长安（现陕西省西安市），后寓居于凤翔府郿县横渠镇（现陕西省眉县横渠镇），并在此地定居讲学，终成一代理学宗师，泽被后世。

张载出身于官僚世家，自幼颖悟绝伦，展现出超乎常人的禀赋与志向。早年，父亲的早逝使他过早地承担起家庭的责任，也促使他更加奋发向学。起初，张载的志向并非文学或哲学，而是向往军旅生涯，曾有志于收复被西夏侵占的洮西失地，并上陈《边议九条》，向时任陕西经略安抚副使的范仲淹陈述自己的军事见解。然而，范仲淹以其独到的眼光，劝导张载专注于儒学，认为他作为儒生，必能成就一番大事业。张载听从了范仲淹的劝勉，转而刻苦研读儒家经典，由此踏上了探寻儒家真理的道路。

嘉祐二年（1057年），张载长途跋涉至京师汴梁（现河南省开封市），参加科举考试，与苏轼、苏辙兄弟同榜及第。在等待朝廷任命期间，他受到了当朝宰相文彦博的赏识，受邀在开封相国寺开设讲座并讲授《易经》。随后，张载历任祁州司法参军、丹州云岩县令等职，后迁任著作佐郎、崇文院校书等职。然而，由于与王安石政见不合，其弟张戬因上书批评王安石而被贬官，张载也毅然辞职归乡。在归乡途中，他深感世事纷扰、人生无常，更加坚定了在儒学上探索的决心。回到横渠后，他创办了横渠书院，一

边授徒讲学，一边著书立说，逐渐创立了代表自己思想体系的"关学"学派。

张载的理学思想以《易》为宗，以《中庸》为体，以孔、孟为法，构建了一个博大精深的思想体系。他认为世界万物的一切存在和一切现象都是"气"的表现，即"太虚"，主张"理在气中"。他提出了"天地之性"与"气质之性"的范畴，认为天地之性源于太虚，是纯善无恶的；气质之性则是有善有恶的，但人可以通过修养来改变气质之性，恢复天地之性的本真。这些思想在当时具有极强的创新性和前瞻性，对后世产生了深远的影响。

此外，张载在教育领域也提出了许多独到的见解。他主张"学贵心悟"，认为学习不仅是知识的积累，更重要的是心灵的觉悟和智慧的开启；强调"知行合一"，认为知识和行动是密不可分的，只有将知识付诸实践，才能真正达到学问的境地。熙宁十年（1077年），张载在返家途中不幸病逝于临潼。他的离世标志着北宋理学的一位巨擘的陨落，但他的思想和学说却流传千古，成为后世学者研究和传承的宝贵财富。"为天地立心，为生民立命，为往圣继绝学，为万世开太平"的名言被称作"横渠四句"，因其言简意赅、意蕴深远而被历代传颂不衰。张载也被尊称为"北宋五子"之一、理学奠基者之一及关学创始人。

（二）张载祠的前世今生

北宋景祐二年（1035年），张载的父亲张迪在涪州（现重庆市涪陵区）知州任上病故，家议归葬故里开封。此时，15岁的张载和5岁的弟弟张戬均尚年幼，与母亲陆氏护送父亲灵柩越巴山，奔汉中，出斜谷行至陕西郿县横渠镇，因路资不足及前方发生兵变，无力返回故里，遂将父亲安葬在横渠镇镇南的大振谷迷狐岭上。因此，全家便定居在郿县横渠镇，张载进入该镇崇寿书院就读，并随邻人焦寅学习兵法。从此，张载便与秦川关中、郿县横渠结下了终生不解之缘。

21岁那年，张载投奔于陕西招讨副使兼延州（现陕西省延安市）知州范仲淹帐下，建议对西夏用兵。范仲淹"一见知其远器，欲成就之，乃责之曰：'儒者自有名教，何事于兵！'因劝读《中庸》。"张载听从了范仲淹的劝告，回家之后，苦读《中庸》，又读了许多"释老之书，累年尽究其说，知无所得，反而求之六经"。他长期在儒、释、道三家上下求索、勤于思考，终于建立了自己的哲学思想。可以说，濂学（周敦颐）、洛学（程颢、程颐）、关学（张载）、闽学（朱熹）作为官方哲学理论，影响了宋、元、明、清达六七百年。

宋嘉祐二年（1057年），张载赴汴京（开封）应考，时值欧阳修为主考官，与苏轼、苏辙兄弟同登进士。张载考中进士后，做过几任地方官。宋神宗熙宁二年（1069年），御史中丞吕公著向宋神宗推荐张载，御前问对时，张载以三代的治国方略为对，神宗听后十分高兴，后来任命张载为崇文院校书。时值王安石变法，张载也主张改革，但不同意王安石的"顿革之"，而主张"渐化之"，故"语多不合"。加之张载的弟弟监察御史张戬，因为反对王安石变法，被贬知公安县（现湖北省江陵县），张载估计自己会受到株连，于是辞职回到郿县横渠镇，遂移疾不起。

张载回到横渠镇后，依靠家中数百亩地维持生计，生活虽然不很富裕，但他却处之益安，一边养病疗疾，一边讲学著书、研究义理，达八九年之久。张载讲学就在自己少年时就学的崇寿书院进行。司马光有诗云："当令洙泗风，郁郁满秦川。先生倘有知，无憾归重泉。"足见当时关中学者以横渠先生张载为师，纷纷来学，执经满座，郁郁秦川，如同当年孔子弟子三千、洙泗之风的情景。张载的讲学目标是教育人有道德、为圣人，要求通过教育变化人的气质之性、恢复本然的善性，最终达到圣人境界，正所谓"为天地立心，为生民立命，为往圣继绝学，为万世开太平"。因此，他在教授中创立了"叩其两端法""扣钟法""时雨法""不待讲论法"等以启发诱导、因材施教为体系的教育思想，惠及众多求学者。张载在讲学授业、著书立说的同时，仍然心怀天下、关心民众疾苦。为了抑制土地兼并，解决失地农民的生计，他曾把自己的井田主张《井田议》上奏皇帝，还与弟子们买一块土地，按照古代井田制度的办法，划分成公田和私田，分给无地、少地的农民耕种，并组织民众兴修水利。至今关中一带还流传着"横渠八水验井田"的故事。由于张载一生创立关学、教书育人、关心国事民生并卓有成就，在他病逝后（1077 年），人们为了纪念他，遂将他讲学的崇寿书院改称为横渠书院。

元代元贞元年（1295 年），横渠书院改建为张载祠。元代泰定三年（1326 年），横渠书院又在张载祠内恢复，形成"后祠堂前书院"的格局，此格局一直延续到清末。此后近百年，张载祠及横渠书院年久失修、破损不堪。近年来，从陕西省到眉县的人民政府都对恢复张载祠及横渠书院原貌高度重视：1992 年，其旧址被陕西省政府列为省级重点文物保护单位；1998 年，眉县政府投巨资在其旧址上恢复了张载祠和横渠书院原有面貌，并定名为张载纪念馆。

目前，张载纪念馆位于陕西省宝鸡市眉县城东 26km 处的横渠镇。该馆占地面积为 17 亩；有大殿、讲学堂、山门、精讲堂等宋式仿古建筑多处，兼有明清建筑特色，建有张载石刻雕像、纪念碑廊；开办了"张载及关学思想文化展"，向公众开放。

三、教学内容

"横渠四句"的产生与唐朝安史之乱以后儒家思想所面临的社会背景密不可分。安史之乱是儒家思想发展历程上重要的节点，它对"以往的儒家思想体系造成了巨大冲击"，使"儒家经典尽为灰烬，佛老异端思想流行泛滥"。这对儒家思想发展构成了巨大的威胁，使儒家由强盛日渐衰微，并导致"社会文化的转型和士人心态的转变"。而唐朝安史之乱的结束并没有完全消除战乱、社会动荡、党派斗争、宦官专权等严峻的社会问题，这些问题一直延续到唐朝灭亡，那时"国家衰微趋势破灭了士人建功立业的幻想"，士人更多地抱有消极隐退的避世思想。唐朝灭亡后的五代十国时期属于空前分裂与动荡的年代，在这一时期，中原地区先后发生了五次政权更迭，并出现了道德衰败的现象，"以梁朝为例，出现了篡夺、弑君、弑父、杀子、奸淫等败德行为，人格堕落到'廉耻道丧'的地步"，士人更是将这一时期"诅咒为一个伦理丧尽的不君、不臣、不父、不子的黑暗世界"。

在这样的社会背景之下，"斯文扫地、儒冠不存，甚至出现了以冯道为代表的五代十国士人阶层，数易其主，气节尽失。"北宋初期，宋太祖赵匡胤黄袍加身，虽然结束了唐末以来社会动荡不安的局面，实现了暂时的和平与统一，但是并没有从根本上解决社会出现的信仰危机。当时，宋与辽、夏等政权在斗争中日显窘态，士人的"大汉王朝"观念受到了极大的挫败。"深重的民族危机和商业秩序带来了新的价值风尚"，影响着每一位士人，宋朝士人为了解决时代危难和困惑，将改造这个悲剧的时代视为己任，重视儒家入世情怀和人本精神，并从柳宗元、韩愈等人那里找到了复兴儒学的思想动力，选择重新回归儒家经典，改造传统儒学，重新构建起了儒家文化规范。"横渠四句"正是在这样的社会背景下产生与发展起来的。

（一）为天地立心

"为天地立心"是"横渠四句"中最根本、最关键的一句。要理解这句话，首先要对"天地之心"有一个深刻的认识。"天地之心"在这里指的是天地"意之所向"，天地涵养与滋润万物，所体现的正是天地的仁爱之德，因此"天地之心"可以简单理解为仁德。而"为天地立心"所体现出的不仅是士人"推己及物"的仁德之心，更体现出士人想要维护儒家道统的精神命脉与重新确立儒家仁学的核心地位的责任担当。这不仅是张载对自己一生理想抱负的高度概括，而且对中华民族后世的发展也产生了巨大的激励作用。"为天地立心"生动地诠释了张载身上所具备的鲜明特征：不顾个人安危冷暖，始终心系天下苍生，先人后己，弘道天下。这也彰显了张载矢志不渝的理想信念和宠辱不惊的士人气概，他不仅严于律己、以身作则，更希望能以此唤醒士人的道德良知，勇于去承担自身的责任。

> **参考案例**
>
> 　　袁隆平院士幼年时期经历民间疾苦，立下了"造福人民"的鸿鹄之志。在大学毕业之后，他服从分配前往极度偏远地区开展农业教学，与杂交水稻结下"不解之缘"，并为之付出了毕生心血，让中国人民摆脱饥饿的困扰。袁隆平院士心系祖国、造福人民的大爱精神生动体现了"为天地立心"的价值取向。

（二）为生民立命

"张载的'立命'之说继承了孟子所开辟的'正命'的方向。"孟子曾经提出过"正命"的概念，它的意思是要让人民过幸福的生活。但孟子的"正命"有较强的历史局限性，所指的仅仅是君子的道德修养；而张载所指的则是社会大众的教化，即要弘扬社会正道，引导社会大众确立正确的方向，并做出合理的人生抉择；社会大众能够自己把握住自己的命运，给予生活应有的意义，而不再仅仅是听由天命。"为生民立命"是以"为天地立心"作为其首要前提的，士人要把天地的"生生之德"转化成为社会大众的"仁、义、礼、智、信"等道德价值要求，这体现出张载号召士人要以教化社会大众为己任的文人担当。

> **参考案例**
>
> 　　云南省华坪女子高中的张桂梅校长虽然身患十七种疾病，也不忘初心、坚守岗位，40年间帮助1800多名女学生树立远大志向、走出云岭深山、点亮人生梦想。张

桂梅校长的"教育改变命运"的理念与"为生民立命"的意涵一脉相承；她用一生的实际行动向世人展示了"为生民立命"的崇高境界。

（三）为往圣继绝学

秦始皇焚书坑儒，汉代黄老之学不断发展，唐代佛教时而受到统治者的推行，凡此种种，儒家学说受到了巨大冲击，与道教、佛教等其他思想相互融合，孔孟的传统儒学面临后继无人的境地，逐渐成为"绝学"。张载提出"为往圣继绝学"，深刻批判了佛教和道教自身的谬误，并且构建了"太虚即气"的宇宙本体论，树立了"乐且不忧"的积极人生观。同时，张载对儒家经典进行了系统的阐述，形成了《礼记说》《论语说》《孟子说》《正蒙》《西铭》等著作，这在一定程度上奠定了关学的基础，为儒学的复兴做出了积极的贡献。张载以身作则、为人师表，向士人诠释了何谓"为往圣继绝学"。"求木之长者，必固其根本；欲流之远者，必浚其泉源。"张载继承与发展孔孟之学，体现出强烈的责任感，激发了人们传承与弘扬中华优秀传统文化的使命感。

参考案例

21世纪初，已是古稀之年的汤一介教授为了传承儒家经典、展现中华文化瑰宝，组织协调了20余所高校400余人的编撰团队来编纂《儒藏》。汤一介教授即使被肝硬化病痛所折磨，也坚持事必躬亲、一丝不苟，8年间带领团队完成了3000万字的著作。这彰显的正是"为往圣继绝学"的精神。

（四）为万世开太平

"横渠四句"的前三句注重建设精神文化根基，而第四句"为万世开太平"则是对前三句的升华总结。这一句继承了《礼记》中"天下为公"的高远理想，表达了古代知识分子以天下兴亡为己任的精神，体现了宋明理学的政治主旨、理想与抱负。在张载看来，"为万世开太平"是做人、做学问、做事的主旨。张载所处时期，"太平"一词十分流行，士人追求的最高理想是实现天下太平，其主要特征是经济发展、社会稳定、重建信仰，以及巩固与加强儒家的正统地位。张载为了能够实现"为万世开太平"，在政治上主张振兴儒家的"王道"来"治道"。他主张儒家的"道学"应该成为天下太平的哲学基础，这彰显了张载的远大的政治抱负："开太平"要以"渐复三代为对"，故"先生慨然有意三代之治，望道而欲见"，其中所蕴含的责任意识对后世士人产生了巨大的激励作用。

参考案例

20世纪50年代，为了响应国家号召，上海交通大学的广大师生胸怀"建设西北、服务国家"的理想，历时4年从上海迁至西安，成为西部开发的先锋队伍。在此后的60多年间，交大师生意志坚定、克服困难、脚踏实地，在西部大地创造出了令人惊叹的成就。他们所锻造出的"胸怀大局、无私奉献、弘扬传统、艰苦创业"的西迁精神正是"为万世开太平"的具体体现。

四、教学重点与难点

（一）教学重点

（1）借助张载的生平和"横渠四句"产生的历史背景，让学生深刻感悟知识分子应有的崇高追求。

（2）结合当代学生特质，将"横渠四句"的价值底蕴与青年学生的个人发展、生命价值结合。

（3）教学过程中坚持以学生为中心，不要以功利主义的态度要求学生必须掌握教学内容。

（二）教学难点

1. 学生的困惑与误区

（1）学生容易将名胜古迹的情景教学当作景区游览，忽略感悟张载"横渠四句"的价值内涵。

（2）当没有适合外在参照的现实人物或是身边人物时，学生会将自己放在"旁观者"的位置去学习。

2. 教学过程的引导误区

（1）教学过程中，老师往往将此当作一门专业课程，容易过分强调知识学习，忽略学生个体感悟。

（2）教学过程中，老师容易过分依赖参考案例的人物事迹，难以构建"横渠四句"与学生感悟自身生命发展需求的有效链接。

五、教学设计

（一）导入新课（5min）

通过提问导入新课，询问学生对张载及"横渠四句"的了解情况，引发学生的思考和兴趣。

（二）讲授新课（40min）

（1）介绍张载的生平及哲学思想，重点讲解"横渠四句"的由来与内涵。

（2）分析张载的哲学思想，培养学生的思辨能力和批判性思维。

（3）讲解张载哲学思想对生命的启示，引导学生思考生命的意义和价值。

（三）课堂互动（15min）

（1）小组讨论：分组讨论张载哲学思想对生命的启示，以及如何将这些启示应用到自己的生活中。每组选出一位代表汇报讨论成果。

（2）提问环节：鼓励学生提出自己的问题和疑惑，全班共同探讨解答。

（四）实地考察（30min）

组织学生参观张载祠，实地感受张载的文化遗产和哲学思想。参观过程中，教师进行讲解和引导，帮助学生深入理解张载的思想和人生观。

（五）布置作业（5min）

对本节课的教学内容进行总结，强调张载哲学思想对人生的启示和指导意义。同时，对学生的表现进行评价和鼓励，激发学生的学习热情和积极性，最后完成对课后思考与练习的探讨。

六、思考与练习

（1）结合你的专业和中长期规划，说出或写出对"横渠四句"的理解。
（2）你支持还是反对"事不关己高高挂起"这样一个观点？
（3）你所做的未来规划是否会基于"横渠四句"的内容和价值内涵？
（4）针对张载关于生与死的观点，探索其如何看待生死循环、死后生命或灵魂的去向。

七、拓展阅读

（一）多媒体资源

（1）《大明宫》（纪录片）。
（2）《张载思想解读》（纪录片）。
（3）《中华文明》（纪录片）。
（4）《陕西历史博物馆》（纪录片）。

（二）图书资源

（1）方光华，曹振明. 张载思想研究[M]. 西安：西北大学出版社，2015.
（2）侯外庐. 宋明理学史[M]. 北京：人民出版社，1984.

八、教师札记

张载祠的实地生命感悟教学，为学生们开启了一次心灵与历史的双重旅程，让他们在探索哲学与生命意义的同时，也深刻体验到个人成长和自我实现的过程。

这次教学不仅是知识的传授，更是一次生命的启示。学生们通过接触张载的生平和思想，开始思考生命的多样性，以及如何在不同的生命阶段中找到自我价值和意义。

张载的学术研究和他的人生态度，对学生们来说是一种激励。他们被鼓励设定个人目标，并在生活的每个关键节点做出明智的选择。这种在关键时刻作出决策的能力，正是通过实践和体验学习过程中逐渐培养起来的。

通过亲身体验和深入思考，学生们将"横渠四句"内化为个人信念和行动指南，在认知与行动上都获得成长，从而更好地准备迎接生活中的各种挑战和机遇。

九、主要参考文献

陈景良. 释"干照"——从"唐宋变革"视野下的宋代田宅诉讼说起[J]. 河南财经政法大学学报，2012（6）：1-28.

谷霁光. 泛论唐末五代的私兵和亲军、义儿[J]. 历史研究，1984（2）：21-34.

韩锐，刘畅，周子悦. 论"西迁精神"在高校思想政治理论课教学中的价值意蕴与实现路径——以"思想道德与法治"课为例[J]. 思想教育研究，2021（9）：132-136.

姜卫. 宋代白鹿洞书院的教学与管理[J]. 兰台世界，2012（30）：77-78.

寇养厚. 韩愈古文理论中的"道"[J]. 文史哲，1996（1）：56-65.

林乐昌. "为生民立命"——张载命运论的新解读[J]. 西北大学学报，2019（3）：10-13.

梅丽，倪培强. 伟大建党精神培育新时代大学生的价值与实践[J]. 学校党建与思想教育，2023（6）：67-70.

彭均，于涛. 当代大学生"躺平"现象的多维论析——基于对全国 23 所高校大学生的调研分析[J]. 北京航空航天大学学报，2023（2）：174-181.

萨缪尔·亨廷顿. 文明的冲突与世界秩序[M]. 周琪，刘绯，张立平，等，译. 北京：新华出版社，2010：6.

史薇，周建忠. 论安史之乱对王维晚年创作的影响[J]. 江苏社会科学，2010（5）：185-190.

王汉卿，曹海燕. 新时代加强青年理想信念教育的科学内涵与实践路径探究[J]. 东南大学学报，2021（S2）：137-139.

习近平. 在哲学社会科学工作座谈会上的讲话[N].人民日报，2016-05-19（2）.

习近平. 在中央党校建校 80 周年庆祝大会暨 2013 年春季学期开学典礼上的讲话[N].人民日报，2013-03-03（2）.

新华网. 文化自信——习近平提出的时代课题[EB/OL]. [2022-12-02]. http://www.xinhuanet.com/politics/2016-08/05/c_1119330939.htm.

杨花. 张载研究[D]. 济南：山东师范大学，2016.

姚大伟. 坚定文化自信把握时代脉搏聆听时代声音坚持以精品奉献人民用明德引领风尚[N].人民日报，2019-03-05（1）.

曾春海. 张载《西铭》及《经学理窟》中的伦理思想——从方东美的观点切入[J]. 陕西师范大学学报，2015（5）：84-91.

张载. 张子全书[M]. 林乐昌，编校. 西安：西北大学出版社，2015：32.

张高评，林明进. 古文观止鉴赏[M]. 北京：九州出版社，2017：87.

张培高，张爱萍. 气论视域下的儒释之辨——论周敦颐、张载对佛教徒批评的回应[J]. 西南民族大学学报，2020（6）：67-72.

张学炳. 由礼乐到礼法——宋初理学转向中的张载礼法思想[J]. 中国政法大学学报，2021（2）：26-34.

赵馥洁. 张载"为往圣继绝学"[J]. 西北大学学报，2019（3）：14-17.

周侃，李楠. 唐代百戏的源流及影响考论[J]. 求索，2009（1）：155-157.

第二章 生命与自然和谐：以长白山为例
——攀长白雪峰之巅，悟林海自然之魂

一、学习目标

● 认识生命与自然环境之间的相互依存关系，理解生命的存在与发展离不开自然的滋养与庇护。

● 了解长白山林海的生态系统、生物多样性及自然循环的奥秘，体会大自然所蕴含的智慧与力量，增强对自然环境的保护意识。

● 学会欣赏并感悟生命在极端寒冷、恶劣条件下所展现出的顽强生命力与独特美感，培养对生命的敬畏之心。

● 引导学生形成尊重自然、顺应自然、保护自然的价值观，认识人类与自然和谐共生的重要性，并能在日常生活中践行这一理念。

二、背景资料

（一）长白山概况

长白山是欧亚大陆东缘的最高山系，地处吉林省东南部，位于中国与朝鲜边界。长白山因其主峰多白色浮石和积雪而得名，以其丰饶广袤、博大深厚、独特多样、悠久厚重的自然资源和人文积淀而驰名天下。

长白山保护区总面积为 $1.96×10^5 hm^2$，核心区为 $7.58×10^4 hm^2$。长白山系的最高峰是朝鲜境内的白头峰，海拔 2749m。中国境内最高峰为白云峰，海拔 2691m，是中国东北的最高峰。长白山植被垂直景观及火山地貌景观是首批进入《中国国家自然遗产、国家自然与文化双遗产预备名录》的国家自然遗产地。其曾先后被确定为首批国家级自然保护区、首批国家 5A 级旅游景区、联合国教科文组织"人与生物圈计划"自然保留地和世界自然保护联盟评定的国际 A 级自然保护区。长白山及其天池、瀑布、雪雕、林海等，曾多次入选"吉尼斯"世界之最纪录，更有中华十大名山、中国最美的五大湖泊、中国最美的十大森林等美誉。长白山在生态、生物、地质和历史等诸多方面都具有突出的普遍价值、卓越的自然品质及丰富的文化内涵。

（二）长白山地理位置

长白山保护开发区管理委员会（简称长白山管委会）辖区位于吉林省东南部，行政区域地跨延边朝鲜族自治州的安图县、白山市的抚松县、长白朝鲜族自治县。该区域东南与朝鲜民主主义人民共和国接壤。地理坐标为东经127°28′至128°16′，北纬41°42′至42°25′。全区南北最大长度为128km，东西最宽达88km。长白山管委会现驻地为池北区（原二道白河镇区），距吉林省省会长春市550km，距延边州州府延吉市210km，距延边州安图县城150km。对外交通联系日趋便捷，现有铁路、201国道连接池西区和池北区，有302省道与池西区相连；此外，随着长白山旅游机场的建设完成，由长春通往池西区、由白山市通往池西区、由延吉到池北区高速公路的建设完成，敦白高铁正式通车，长白山保护开发区对外联系将更加便捷。长白山保护开发区的规划范围总面积为 $1.35×10^6 hm^2$，由外到内包括规划指导区、规划管理区和自然保护区三个层次。

（三）长白山生态环境

长白山有由国际A级自然保护区组成的保存完好的原始森林，有吉林省省级自然保护区——长白山特有树种长白松构成的长白松自然保护区，还有中国最大的红松母树林原始群落。在长白山海拔1600～2000m的广阔地带，珍稀植物和高山花卉繁茂发育，组成的高山大花园堪称东北亚地区最具特色的自然景观。

长白山森林生态系统是亚洲东部保存最为完好的典型的森林生态系统，为人类提供了多方面的生态服务。据统计，长白山保护区森林木材总量约为 $7.1×10^8 m^3$，生态系统年固碳量约为 $2.11×10^7 t$，每年减少水土流失 $2.83×10^7 m^3$，水资源承载能力每年约为 $1.83×10^{10} t$。另外，它还是重要的物种基因库，总体生态服务价值可相当于每年约 $2.60×10^{10}$ 元。

长白山是中国东北的"生态绿肺"。发源于长白山的图们江、松花江、鸭绿江三大水系，组成了中国东北地区的水网，全年径流量达 $2.40×10^{10} m^3$，水力蕴藏量为 $3.47×10^6 kW$。区内矿泉资源十分丰富，温水泉日平均涌水量90t左右，冷水泉日平均流量达200t。在矿产资源方面，吉林省探明储量的矿产有98种（全国为152种），长白山区域有80种。另外，长白山在绿色生态食品、中草药、旅游服务、科研科考等方面具有强大、领先的产业前景和产业价值。

此外，作为中国东北的天然生态屏障、东北亚生态气候调节平衡的主区域、全球稀有的地质地理环境监测地、物种基因储存库，长白山的宝贵资源具有极高的科研、保护和开发价值，发展前景和潜力非常大。

（四）长白山气候

长白山辖区属于受季风影响的温带大陆性山地气候，除具有一般山地气候的特点外，还有明显的垂直气候变化。总的特点是：冬季漫长凛冽，夏季短暂温凉，春季风大干燥，秋季多雾凉爽。年均气温在-7～3℃；7月份平均气温不超过10℃；1月最冷，月平均气温在-20℃左右，最低气温曾出现-44℃。年日照时数不足2300h。无霜期

100d 左右，山顶只有 60d 左右。积雪深度一般在 50cm，个别地方可达 70cm。年降水量在 700~1400mm，6~9 月份降水量占全年降水量的 60%~70%。云雾多、风力大、气压低，是长白山主峰气候的主要特点。尤其是夏季，风云莫测，变化多端。年 8 级以上大风日数为 269d，年平均风速为 11.7m/s。年雾凇日为 165d，山顶雾日为 265d，年均日照数只有 100d 左右。

三、教学内容

（一）厚重的人文历史景观

（1）八卦庙：这片木结构建筑群静卧于天豁峰南麓缓坡地带，与天池直线距离仅百米，与龙门峰形成东西对峙之势。崔时玄于 1928 年主持修建了三重围合式庙宇，其最外层采用罕见的不等距八角形制，民间流传崇德寺、宗德寺、尊德寺三种称谓，映射着多重宗教文化的交融。步入庙内，两方高 70cm、宽 49cm 的圭形木牌默立其间，正面镌刻了"道根载源舍堂更造，地于灵宫本五币寺，北接法大道主张宇白氏月氏善愿文"碑记，在斑驳的漆面下透露了八卦庙的重修历程与信众的信仰寄托。木牌背面隐约可见的彩绘纹饰，更是研究东北地区民国时期宗教艺术的重要实物遗存。

（2）女真祭台：这一天池东岸钓鳌台上的神秘石堆，在《长白山江冈志略》中被记载为女真王室祭天遗址，石块垒砌的形制暗合萨满教"天圆地方"的宇宙观。经现代考古测量，祭台基址直径约 8m，残高 1.2m，中心区域散布着明显经人工修整的玄武岩块。值得注意的是，《中国文物地图集·吉林分册》将其标注为清代遗存，这一论断源于在石缝中发现的青花瓷残片与铜钱痕迹。学界对此展开讨论：究竟是金代祭坛被后世沿用，还是清代仿古新建？这个悬而未决的学术谜题反而为祭台增添了历史感。

（3）满族发祥地：这座圣山的历史称谓如同文化年轮，层层叠印着中华文明的演进轨迹。春秋时期称此山"不咸山"，语出满族先民肃慎语"神巫之山"；北朝谓之"徙太山"，折射了鲜卑族对长白山的认知；至辽金时期定名"长白山"，既取汉语"长存皓白"之意，又谐满语"果勒敏珊延阿林"（永远洁白之山）之音。金世宗完颜雍于大定十二年（1172 年）敕封长白山为"兴国灵应王"，并在山北建庙奉祀，现存碑刻记载着"每岁春秋二仲，择日致祭"的隆重仪轨。如今保护区周边的锦江村、漫江村等地，仍完整保留着"祭山神""放山采参"等满族传统，村民家中供奉的"长白山神位"木牌与萨满神服上的日月星辰刺绣，无声诉说着民族与山脉的血脉相连。

（4）朝鲜族民俗风情：在长白山西麓的松江河镇至南坡的十五道沟沿线，星罗棋布 30 余个朝鲜族聚居村落。这些村落以"白墙青瓦八字顶，回廊木柱推拉门"的传统民居为基底，配以村口矗立的长鼓雕塑、田野间转动的木质水车，构成独具韵味的文化景观。每年农历三月三的"花煎节"，妇女们头顶陶罐列队踏歌，制作杜鹃花饼祭祀山神；九月九的"老人节"，村中长者身着白色韩服，在伽倻琴伴奏下表演鹤舞。在海拔千米以上的高原村落中，至今保留着用长白山冷泉酿制马格利米酒的古法，这种以红松木桶发酵、添加五味子调味的技艺，已被列入省级非物质文化遗产名录。

（二）长白山西景区

1. 高山花园　这片海拔 1400~2000m 的垂直花园，堪称植物适应高寒环境的教科书式范例。每年四月下旬，当山下仍覆残雪时，高山杜鹃已在-5℃的环境中苏醒——其叶片背面的绒毛层犹如天然羽绒，包裹着淡黄色的花苞冲破冰壳，以每天 3mm 的生长速度完成绽放。至六月上旬，海拔 1600m 处的鸢尾花海进入盛期，蓝紫色花瓣在紫外线强烈的高原阳光下呈现金属光泽，每平方米植株密度可达 200 株。最奇妙的当属七月花事：在火山灰堆积的缓坡上，金莲花与唐松草组成金色浪潮；溪畔的藜芦高举紫黑色花序，形如古代青铜酒器；而林缘的大花萱草则用橙红色调点燃整片山谷。植物学家在此发现 12 个特有变种，包括叶片呈星状毛的"长白百合"、花萼带刺的"天池蔷薇"，彰显了长白山作为北温带植物基因库的重要地位。

2. 喘气坡　这条全长 1.2km、垂直落差 400m 的登山古道，堪称考验意志的自然阶梯。70°的平均坡度迫使攀登者采用"之"字形行进，每步抬腿高度超过 40cm，心率普遍达到静息时的 2.5 倍。地质学家发现，该坡面由火山碎屑岩与浮石构成，多孔隙结构导致地表温度比周边高 3~5℃，形成独特的"温室效应"。这解释了为何在海拔 2000m 的岳桦林带，竟混生着云杉、冷杉等针叶树种——倒伏的岳桦树干上甚至附着松萝，构成罕见的"针阔混交岛状林"。攀登途中，可见第四纪冰川留下的羊背石群，其光滑的迎冰面与粗糙的背冰面，记录着古冰川运动的轨迹。当游客气喘吁吁抵达海拔 2100m 的观景台时，眼前豁然展开的天池全景，便是大自然最慷慨的犒赏。

3. 金线泉　位于玉柱峰东麓的这道奇泉，其形成机理充满科学趣味。水文监测显示，泉眼所在处正是天池地下水系与火山裂隙的交汇点，每秒流量约 $0.02m^3$ 的水流从两条间距 15cm 的玄武岩柱间渗出，因表面张力作用形成 0.3mm 厚的水膜。当阳光以 55~60°角照射时，水膜发生薄膜干涉现象，折射出金红、靛蓝交替的虹彩，古人谓之"水露金星"。民间传说中司雨的双翼蛇神，实为对局部小气候的形象化解释——气象站数据显示，每当东南暖湿气流沿峡谷上升至此，遇冷形成的锋面雨概率高达 87%，故有"双蛇振翅必降雨"的谚语。清代学者刘建封在《白山纪咏》中留下的"金线五里穿云雾，双蛇日日布甘霖"诗句，正是科学观察与诗意想象的完美融合。

（三）长白山北景区

1. 地下森林　这个形成于 1200 年前火山喷发的塌陷谷地，是研究火山次生演替的天然实验室。谷底与崖顶的 70m 高度差，造就了独特的逆温层现象——冬季谷内温度比山顶高 8~10℃，使得红松、紫椴等阔叶树得以在 42°N 的高纬度存活。科考队在此发现完整的植被垂直带谱：上层是 25m 高的长白松林冠层，中层为簇生的忍冬与卫矛灌木，底层则铺满厚度超 30cm 的塔藓地毯。最令人惊叹的是"树中树"奇观：某些倒木的腐殖质躯干上，新生的云杉幼苗借助母体养分，形成直径达 1.5m 的"空中苗圃"。当游客沿 2.5km 木栈道深入谷底，会经历气压升高 10hPa、负氧离子浓度突破 30000 个/cm^3 的生理体验，堪称天然的森林氧吧。

2. 补天石　这座伸入天池的玄武岩半岛，实为火山活动的立体年鉴。岩体剖面可见清晰的 5 次喷发序列：底层是致密的橄榄玄武岩，向上渐变为多孔状气孔玄武岩，顶部则是含辉石斑晶的熔结凝灰岩。民间传说中的"女娲炼石处",对应着岩体西侧直径 3m 的凹坑,经 X 射线荧光分析,此处硅含量高达 62%,确与周边岩石成分存在显著差异。《红楼梦》研究者的"青埂峰原型说"虽无实证,但补天石东侧崖壁上"无材可去补苍天"的清代摩崖石刻(落款已风化),却为文学想象提供了现实注脚。地质公园在此设立的全息投影装置,将岩层形成过程以每秒 300 帧的速度重现,展现岩浆冷却时的矿物结晶奇迹。

3. **美人松** 这种长白山特有松树[*Pinus sylvestris* L. var. *sylvestriformis*(Takenouchi)Cheng et C. D. Chu]的生存策略充满智慧。其树皮中高达 8% 的单宁形成天然的防腐屏障;针叶表面增厚的角质层与凹陷气孔,可将蒸腾作用降低至普通松树的 60%。现存最大的"松后"树龄 426 年,胸径 1.2m,树冠投影面积达 180m²,枝条延展遵循斐波那契序列螺旋排列。春季新梢生长时,顶端分生组织会产生赤霉素抑制侧芽,从而保持主干通直;当树龄超过 150 年后,顶端优势减弱,侧枝呈 45°角展开,形成标志性的"广袖舞姿"。保护区内设立的基因库已收集 87 个家系的种子,通过体细胞胚胎发生技术,使育苗周期从 8 年缩短至 3 年,为这个濒危树种的存续带来希望。

(四)长白山南景区

1. **鸭绿江大峡谷** 这条 10km 长的地堑式峡谷是观察火山地貌演化的立体剖面。峡谷东壁可见完整的火山结构剖面:下层为 16 万年前的粗面玄武岩,中层是 8 万年前的熔结凝灰岩,上层则是 5000 年前的浮岩层。湍急的鸭绿江水以每秒 5m 的流速切割岩层,形成高度差 170m 的嶂谷地貌。无人机测绘显示,谷底散布着 37 座高度超过 20m 的玄武岩石柱群,其中"将军岩""望乡塔"等石柱的柱状节理发育完美,六边形截面直径多在 1.2～1.8m。峡谷南段的"彩虹壁"因岩石含赤铁矿与钛铁矿,在雨后阳光下会折射出七色光谱,这种特殊光学现象每年吸引数万摄影爱好者前来拍摄。

2. **南坡天池** 作为十六峰环抱的火山口湖,其水文特征充满未解之谜。水温监测显示,湖面年均温 4.3℃,但 8 月中旬会出现持续 20d 左右的 9℃暖水层;水深测量发现湖底存在 3 个直径超百米的凹坑,最大坑深达 373m,可能连通地下热液系统。在张建继 2001 年横渡天池时,水温记录显示表层 14℃、中层 7℃、底层 3℃,这种温度梯度导致其全程更换 4 种泳姿应对水流变化。南岸观景台采用悬挑钢结构向外延伸 8m,游客可 270°环视湖面,晴好时能见度达 40km,可清晰观察到朝鲜境内的将军峰气象站。每年夏至日,太阳会从冠冕峰与卧虎峰之间正对观景台升起,形成"双峰托日"的天文奇观。

3. **虎跳峡瀑布** 作为十五道沟河源头的 4 级跌水系统,虎跳峡瀑布展现着水流侵蚀的动力学奇迹。第一级"白龙拖练"落差 5m,水流在宽 15m 的安山岩平台上铺展成 3mm 厚的水膜;第二级"白龙穿涧"经历 8m 垂直坠落,冲击出深 2m 的壶穴;第三级"白龙吐珠"在 6m 落差中形成直径 1.5m 的水雾球;末级"白龙进潭"以 5m 落差注入半月形深潭,潭底超声波测深显示漩涡流速达 12m/s。地质学家在瀑布壁发现典型的"涡穴链"构造——32 个直径 0.3～0.8m 的圆形凹坑呈螺旋状排列,证实该瀑布至少经历过 3 次重大改道。冬季冰瀑期,4 叠冰挂总重量超万吨,冰体内部因水流持续渗透形成复杂的空腔结构，科考队曾在此测得-25℃仍存活的极端环境微生物。

四、教学重点与难点

（一）教学重点

（1）引导学生深入探索长白山的生物多样性，通过观察、记录、分析不同生命形态的存在方式和相互依存关系，让学生深刻体会到生命的多样性和复杂性，深入了解长白山的自然之美，从而培养对生命的尊重和保护意识。

（2）观察长白山的四季变化、物种迁徙、生态演替等现象，让学生理解生命循环的规律和自然法则的运作。通过案例分析和讨论，引导学生思考每个生命体都遵循着自然的节奏和规律，人类作为其中的一员，应当顺应自然、尊重生命。

（3）结合长白山的生态环境保护和可持续发展问题，引导学生思考人类与自然的关系及个人在其中的责任，让学生意识到自己的行为对生态环境的影响，并培养生态伦理意识和责任感。

（二）教学难点

1. 学生的困惑与误区

（1）学生参与过程中，可能不清楚研学活动的具体目标和期望成果，容易仅把长白山当作一个普通的山岳型自然风景区，忽略其学习意义和教育研究价值。

（2）长白山地区气候多变，地形复杂，学生可能对多变的环境感到陌生和不适；加之研学活动往往需要团队合作，但学生可能因个人或沟通不畅等原因，导致团队合作效果不佳。

（3）长白山地区拥有丰富的历史文化资源，但如果学生对其了解不足，则难以深入理解和体验，对长白山的人文自然景观缺乏用心感悟。

2. 教学过程的引导误区

（1）教学过程中，教师在讲解时，容易仅将枯燥的理论知识复述出来，使学生无法完全理解；缺乏结合长白山的自然环境与人文特色、身临其境的讲授方式，让学生感悟到景点所蕴含的深层意义。

（2）教学过程中，教师容易追求课程最终的结果产出，忽略学生在过程中的体验和感悟，没有将自然景观、历史遗迹等人文景观的教学与普通教学方式区分开来。

（3）长白山的生态环境、历史文化、艺术文学等涉及的领域较为繁杂，教师容易抓不住重点，导致教学目标设定过于宽泛或片面，难以聚焦核心知识点和研学主题。

五、教学设计

（一）导入新课（5min）

通过对长白山的简要介绍来调动学生的学习兴趣，可以借助讲述一个关于长白山自然奇观或生物生存的故事，如"天池的传说"或"高山雪莲的坚韧生长"等，以此来导入课程。

（二）讲授新课（20min）

（1）介绍长白山的地理位置、气候特点、地质构造等，使学生对其生态环境的大致情况、特有动植物物种、山上植被带分布等情况有基本了解；并引出气候条件和地质作用对长白山的生态系统和生命演化有着深远的影响。

（2）介绍长白山的动植物种类、生态系统类型及其相互关系，特别是珍稀濒危的、适应极端环境生存的，如高山杜鹃、长白松、东北虎、紫貂等，让学生感受到生命的顽强与适应力，理解人类活动对生态系统的影响及保护生物多样性的重要性。

（3）介绍长白山自然保护区的建立背景、保护目标及成效，让学生理解人与自然和谐共生的理念及其实践路径。

（三）课堂互动（15min）

（1）小组讨论：分组讲述"长白山中的生命故事"，每组选取一种或几种生物，探讨其生存策略、面临的挑战及展现的生命力，讨论这些故事所蕴含的生命意义和价值观，深化对"感悟生命"的理解。

（2）提问环节：鼓励学生通过预习理论知识，在实地考察之前，提出自己的问题和疑惑并记录下来，带着疑问走入长白山保护区。

（四）实地考察（120min）

组织学生进入长白山保护区游览参观，选择长白山具有代表性的生态区域进行实地考察，实地感受长白山的自然地理环境、人文景观、风土人情等。让学生多角度、全方位、深层次地学习地理，了解大自然给人类的启示，并对之前提出的问题和疑惑进行实地考察，引导学生观察并记录所见所闻，思考与之前所想有何不同。教师可以更多地参与进学生的感悟过程之中，提供引导和解读。

（五）布置作业（5min）

实地考察结束后，教师要对本节课程内容做总结和评价工作，强调人与自然和谐共生的意义，询问学生对于此次课程的感想与建议，以及对于生命的意义与价值的思考；并对学生的表现进行鼓励，激发学生对感悟生命的兴趣和热情；最后完成对课后思考与练习的探讨。

六、思考与练习

（1）请结合你在长白山游览中的所见所闻，思考并写下你对生命意义的理解。你认为生命中最重要的是什么？为什么？

（2）选择一个你了解的生物多样性保护案例，分析该案例中的保护措施、成效及面临的挑战。

（3）回顾你所学到的关于人类活动对长白山生态环境影响的知识，思考这些活动对生物多样性和生命循环的利弊影响。

（4）结合本次课程所学所感，写出自己对于"感悟生命"的看法和思考。

七、拓展阅读

（一）多媒体资源

（1）《万水千山》（纪录片）。
（2）《人参》（纪录片）。
（3）《寻味长白山》（纪录片）。
（4）《长白山》（纪录片）。

（二）图书资源

（1）吉林长白山国家级自然保护区管理局. 中华名山长白山[M]. 长春：吉林科学技术出版社，2004.
（2）胡冬林. 山居四季——长白山观察日记[M]. 北京：天天出版社，2024.
（3）卓永生，孙志. 大美长白山[M]. 长春：吉林科学技术出版社，2024.

八、教师札记

长白山，以其独特的自然景观和丰富的生物多样性，成为学生们心灵成长的催化剂，让他们在探索与感悟中，对生命有了更深刻的理解。

长白山的壮丽景色和多样的生态系统，为学生们打开了一扇通往自然世界的大门。学生们在这片山野之中漫步，不仅领略了自然的美丽，更感受到了生命的奇迹与自然的伟大。他们学会了用更加敬畏和欣赏的眼光去看待这个世界，意识到每个生命体都是自然界中不可或缺的一部分。

长白山的研学之旅让学生们亲身体验到了生命的脆弱与坚韧。在考察过程中，学生们见证了生物在极端环境下求生的努力与智慧，如高山植物如何在贫瘠的土壤中顽强生长，野生动物如何在恶劣的气候中寻找食物。这些生动的事例让学生们深刻体会到了生命的不易与珍贵，也让他们学会了珍惜生命、尊重生命。同时，长白山的生态保护工作也给学生们上了生动的一课，让他们认识到人类活动对生态环境的影响，以及保护生态环境的重要性。

长白山的研学之旅给学生们留下了宝贵的精神财富。在这片充满生命力的土地上，学生们学会了敬畏自然、珍惜生命、关爱他人。他们意识到自己的成长与发展离不开自然界的恩赐与社会的支持，因此应该更加努力地学习、探索、创新，为社会的繁荣与进步贡献自己的力量。

此次研学不仅是一次知识的拓展与视野的开阔，更是一次心灵的成长与生命的启迪。它让学生们更加深刻地理解了生命的意义与价值，也让他们更加坚定地走向未来的人生道路。

九、主要参考文献

冯时. 长白山自然地理研学旅行设计的探究[J]. 教育观察，2019，8（18）：75-76.

韩柠旭. 自由快乐成长——和大自然森林研学一起，走进森林探秘[J]. 中国林业产业，2021（4）：54-57.

吉林省长白山保护开发区管理委员会. 高山花园[EB/OL]. [2017-01-04]. http://www.changbaishan.gov.cn/zbsly/jqjd/xjq/201701/t20170104_210236.html

吉林省长白山保护开发区管理委员会. 补天石[EB/OL]. [2017-01-04]. http://www.changbaishan.gov.cn/zbsly/jqjd/bjq/201701/t20170104_210255.html

吉林省长白山保护开发区管理委员会. 喘气坡[EB/OL]. [2017-01-04]. http://www.changbaishan.gov.cn/zbsly/jqjd/xjq/201701/t20170104_210234.html

吉林省长白山保护开发区管理委员会. 地下森林[EB/OL]. [2017-01-04]. http://www.changbaishan.gov.cn/zbsly/jqjd/bjq/201701/t20170104_210261.html

吉林省长白山保护开发区管理委员会. 虎跳峡瀑布[EB/OL]. [2017-01-04]. http://www.changbaishan.gov.cn/zbsly/jqjd/njq/201701/t20170104_210264.html

吉林省长白山保护开发区管理委员会. 金线泉[EB/OL]. [2017-01-04]. http://www.changbaishan.gov.cn/zbsly/jqjd/xjq/201701/t20170104_210233.html

吉林省长白山保护开发区管理委员会. 美人松[EB/OL]. [2017-01-04]. http://www.changbaishan.gov.cn/zbsly/jqjd/bjq/201701/t20170104_210251.html

吉林省长白山保护开发区管理委员会. 南坡天池[EB/OL]. [2017-01-04]. http://www.changbaishan.gov.cn/zbsly/jqjd/njq/201701/t20170104_210273.html

吉林省长白山保护开发区管理委员会. 鸭绿江大峡谷[EB/OL]. [2017-01-04]. http://www.changbaishan.gov.cn/zbsly/jqjd/njq/201701/t20170104_210275.html

李贝，顾成林. 融入地理信息技术的长白山自然地理研学活动设计[J]. 中学地理教学参考，2023（18）：60-65.

刘强，周晓梅. 基于研学旅行资源开发的长白山植被调查[J]. 东北师大学报（自然科学版），2022，54（1）：99-106.

史磊. 长白山题材纪录片中自然与文化的美学演绎[J]. 西部广播电视，2023，44（10）：181-184.

王博凡，龚振东，苗增娟. 弘扬优秀传统 增强文化认同——长白山采参习俗谱系传承研究之五[J]. 人参研究，2023，35（1）：63-64.

王学胜. 文学视阈下的长白山生态文化[J]. 东疆学刊，2021，38（2）：34-38.

余玉成，刘雁，闫安安，等. 基于PBL的研学旅行课程设计[J]. 科教文汇，2022（19）：100-104.

赵丹红，周晓梅. 研学旅行模式下的长白山旅游发展创新路径探析[J]. 长春师范大学学报，2021，40（4）：99-102.

第三章 生命与民族精神：以壶口瀑布为例
——探寻黄河奇观，凝聚民族之魂

一、学习目标

- 学习壶口瀑布的地质结构与水文变化，探索自然力量的奥秘与规律。
- 观察壶口瀑布独特的水流形态，体会生命的顽强性、变化性与多样性。
- 感受壶口瀑布的壮丽景观，体会自然界的雄浑与蓬勃生机。
- 了解壶口瀑布景区的生态多样性，体会人与自然的依存关系与和谐共处。
- 探究壶口瀑布的历史与文化，感受中华文化的博大精深与不屈的民族精神。

二、背景资料

（一）壶口瀑布简介

壶口瀑布位于中国山西省吉县和陕西省延川县交界处，横跨黄河中游，以其壮丽的景观和深厚的文化底蕴闻名。它是世界上最为壮观的黄色瀑布，也是黄河干流上的重要标志。壶口瀑布呈现出一种动态的瀑布形态，随着季节和水量的变化，呈现出不同的视觉效果，具有极强的流动性和潜伏特性。黄河自秦晋峡谷宜川段川流而过，水流湍急，在千米长的河床上如排山倒海般涌向前方，最终在狭窄的"龙槽"中倾泻而下，仿若倒入壶口，形成壮丽的瀑布群。壶口瀑布四季分明，每个季节的景象各具特色。它不仅以自然美景著称，还象征着中华民族的精神力量和文化底蕴。壶口瀑布核心景区不仅包括瀑布本身，还涵盖了以秦晋峡谷为主体的其他景点，如龙王辿、十里龙槽、孟门山、大禹庙、古渡口小镇等。这里也有黄河大合唱的实景演出，是一个集文化、自然与历史于一体的综合旅游区。壶口瀑布不仅是国家重点风景名胜区、国家5A级旅游景区，还拥有国家水利风景区和地质遗迹保护区等称号。

（二）八大自然景观

由于壶口瀑布的独特地形和流速，在不同的气候条件下，壶口的瀑布景观和周边景象会发生显著变化，因此形成了八大自然景观，每一景观都承载着黄河文化的特质。

（1）旱天鸣雷：黄河水从壶口瀑布倾泻而下时，巨大的水流在岩石和水面之间反复冲撞，形成了如同雷鸣般的巨大响声，震撼整个河谷。这种回响声可以传递数十里，给人一种黄河咆哮、万鼓齐鸣的震撼感。这一景观在壶口瀑布最为典型，尤其是洪水期，水流越急，声音越大，让人越能感受到大自然的威力。

（2）十里龙槽：位于壶口与孟门之间，黄河以其雄浑之力雕琢峡谷，造就了一条宽约400m、深达30~50m的狭长河道。此河道得名"十里龙槽"，缘于其形似蜿蜒龙躯之姿。壶口瀑布之水自高处奔腾倾泻，汇入龙槽，带来每秒数千立方米的磅礴水流，其势汹涌澎湃，蔚为壮观。这一大自然鬼斧神工造就的峡谷，不仅风光旖旎，更蕴含着丰富的地质意义，彰显了黄河流域水文现象的纷繁复杂。

（3）冰峰倒挂：冬季冰封时，壶口瀑布展现了一幅别样的"冰峰倒挂"奇观。因极端低温，瀑布水流在龙槽两侧凝结成形态各异的冰凌，这些冰凌仿佛倒立的冰峰，闪烁着晶莹的光芒。彩虹偶尔掠过，与冰凌相互映衬，编织出一幅如梦似幻的冬日画卷。壶口一带的俗语"小雪流凌初现，大雪桥合奇观"精准地勾勒出了这一非凡景象的神韵。

（4）晴空洒雨：晴天时，壶口瀑布飞流直下，激起的水雾升腾而起，仿佛在烈日下飘洒细雨。游客在观赏瀑布时，常会不自觉地被这股细雨打湿衣衫，给人一种身处雨中的感觉。这种现象是水流剧烈撞击岩石时产生的水雾与空气中蒸腾的热气混合形成的，成为壶口瀑布独特的自然奇观。

（5）山飞海立：壶口瀑布气势雄伟，水流从秦晋峡谷直下壶口，仿佛千山万水在眼前倾泻。站在瀑布旁，仰望着从天际倾泻而下的黄河水，犹如群山飞崩、四海沸腾，构成了"山飞海立"的壮丽景象。这种景观展现了黄河的力量与不息，是中华民族勇往直前的精神象征。

（6）霓虹戏水：在阳光折射下，壶口瀑布飞溅的水珠频现彩虹奇观。彩虹时而弯弧探入水中，犹如神龙汲饮；时而如彩绸横亘河面，宛若天桥凌空。在晴天和雨后时分，彩虹与水雾交织，形成五彩斑斓、扑朔迷离的景象，被称为"霓虹戏水"。这一景象尤其常见于春秋两季。

（7）旱地行船：过去，壶口瀑布上游的货船因瀑布的巨大落差无法继续航行，必须停在龙王辿，将货物卸下，再由人力或牲畜沿着河岸搬运到下游。空船则利用木滚轴在旱地上前行，直到瀑布下游再重新入水。这种独特的运输方式被称为"旱地行船"，是历史上水上交通越过壶口的主要手段。如今，旱地行船的景象已消失，但留存的痕迹仍是历史的见证。

（8）壶底生烟：壶口瀑布的水流急速下泻，形成的水雾像是从水底冒出的浓烟。这种"壶底生烟"的现象随着季节和水量的变化而呈现不同的效果，尤其在春秋两季，水量适中，气温较低，水雾弥漫，形成了独特的视觉效果。正如古诗所言："收来千河水，放出半天云"，描述的正是这一奇景。

三、教学内容

（一）孟门山

距壶口瀑布下游5km处、"十里龙槽"末端，两块梭状巨石矗立于黄河谷底河床之中，傲然挺立在湍急水流间，构筑起两座河心岛屿，这就是古代被称为"九河之蹬"的孟门山。据传，此二岛本为一体，横亘河道，致洪水泛滥，大禹治水之际，挥斧将其一分为二，引水畅流。此二岛，远眺如舟，近观似山，俯视若门。又传说古时，孟家兄弟的后代被河水冲走，曾在这里获救，故将此二岛称为孟门山。

大孟门岛南北长约300m，东西宽约50m，高出水面约10m。其南侧石壁上，镌刻着清代雍正初年金明郡守徐沮瀛所题"卧镇狂流"4个大字，匾额长2.5m，宽1m，生动描绘了此处山水奇观。小孟门岛位于大孟门岛上游约10m处，长度仅50~60m。两座河心岛均由水平层理的块状灰绿色砂岩构成，岩质坚硬，抗风化能力较强。

孟门傲然屹立于湍急的黄河水中，任凭惊涛拍岸，终年不没于水。"南接龙门千古气，北牵壶口一丝天"，孟门与龙门、壶口并称黄河三绝，而其风貌又独树一帜，古人有诗赞曰："四时雾雨迷壶口，两岸波涛撼孟门"。

地质研究表明，孟门原是黄河河床的一处裂点，壶口瀑布最初即形成于此。随着地壳持续抬升、河流下切作用加剧、溯源侵蚀不断，裂点逐渐上移，瀑布从孟门迁移至现今位置。原瀑下深潭演变成今日的"十里龙槽"，而孟门山正是瀑下深潭上移后残存的岩体遗迹。

> **参考案例**
>
> 云南省虎跳峡位于中国云南省玉龙纳西族自治县和香格里拉市之间，是金沙江（长江上游）的著名峡谷之一。它是世界上最深、最壮丽的峡谷之一，全长约17km，最窄处仅约30m。峡谷中有一块巨石据说是一只老虎曾跳跃过江的地方，故名"虎跳峡"。徒步虎跳峡被视为世界上最具挑战性的徒步路线之一，沿途风景秀丽，悬崖峭壁与河流呼啸声相映成趣。虎跳峡以其险峻的自然风光和独特的地质地貌，成为中国乃至世界著名的旅游胜地之一，也被列为国家重点风景名胜区。

（二）清代长城河清门

壶口地带由于河道极为狭窄，特别是在冬季，十里龙槽结冰后容易通过，故在黄河流域占据重要战略地位，历来为兵家必争之地。清同治五年（1866年），为了阻止西捻军首领张宗禹率军渡河东进，淮军修建了一段防御性长城。这段长城北起壶口东岸山西大宁县的平渡关，南至乡宁县的麻子滩，全长约75km，与黄河平行分布。

此段清代长城采用前墙后壕的构造，属防御性工事。淮军在龙王辿设立中心指挥所，现存"河清门"与"四铭碑亭"遗迹。其中，"河清门"是当时商队和驼队进入河东内地的必经之路，经过河清门后，有一条"之"字形甬道通向山巅。壶口的"四铭碑"主要记载了淮军提督张树屏带领淮军驻守壶口4年、修建长城的历史。碑文横批写着"功德兼全"，上联为"碧嶂南驱开凿何殊秦栈置"，下联为"黄河西俯奠列直绍禹功高"。

此外，长城在北部克难坡和南部龙王庙处还设有分指挥所。目前保存较为完整的遗迹位于龙王庙碑碣至南原沟口之间，长度约为2km。此段长城是目前发现的最晚修建的长城，其发现对长城学研究具有重大意义，将中国长城修建史的下限延长了200多年，产生了广泛的国际影响。

> **参考案例**
>
> 山海关位于中国河北省秦皇岛市境内,是明长城的一个重要关隘,被誉为中国长城的"天下第一关"。它地处群山与大海之间,东临渤海,西倚燕山,地势险要,城墙高大厚实,建有观景台和烽火台,游客可以登城俯瞰辽阔的沿海地区和连绵的山峦。山海关的特殊地理位置和丰富的历史文化内涵使其成为中国乃至世界著名的旅游胜地之一,也是探索长城文化的重要窗口。

(三)农业发展与民俗文化

(1)生态农业:壶口瀑布旅游区在发展旅游业的过程中,秉承"追求长久价值,惠及地方民众"的理念,致力于推动周边乡村的振兴。未来计划建设智慧田园,开展有机农业和旱地农业示范,总面积约500亩,划分为三个功能区——智能设施蔬菜生产示范区、节水瓜果示范区、特色花卉生产示范区。智慧田园通过引入高新技术,实现农业智能化。智慧田园不仅为游客提供新鲜、高品质的食材,还提供田园观光、农业科普和采摘体验。同时,园区的示范效应将促进周边农村产业的发展,助力乡村振兴。

(2)民俗文化:吉县壶口唢呐作为一项历史悠久的民间鼓乐艺术,融合了宫廷雅韵与黄土高原的独特风情。据史料记载,明嘉靖年间,朝廷重臣石宝谪居吉县期间,对当地传统曲牌进行整理改编,形成了独具特色的吉县吹打乐体系,迄今已传承480余年。为保护这一民间音乐瑰宝,吉县文化部门积极开展唢呐演艺活动,致力于传统艺术的传承与发展。2008年,吉县壶口唢呐被列入山西省非物质文化遗产保护名录。

晋南威风锣鼓源于山西临汾一带,是极具代表性的民间打击乐艺术,现已被收录于国家级非物质文化遗产名录。其演奏气势恢宏、雄浑有力,故得名"威风锣鼓"。这一传统艺术形式可追溯至尧舜时期,已有4000余年的悠久历史。威风锣鼓以其古朴庄重、刚健优美的艺术风格,展现出独特的艺术感染力和审美价值,堪称中国传统鼓乐艺术的典范,在形态、音韵、曲目及表演等方面均具有鲜明的美学特色。

> **参考案例**
>
> 三门峡地区位于河南省西部,这里自古以来就是农业发达地区,以种植小麦、玉米等农作物为主,形成了独特的农业生产方式和节令习俗。三门峡地区保留了许多传统节日和民间艺术,如社火、秧歌、锣鼓等,这些活动不仅丰富了当地人的精神生活,而且吸引了众多游客前来体验。

(四)壶口瀑布蕴含的哲理

(1)民族历史的颂歌:在广袤的黄土层深处,积淀着中华民族5000余年的悠久文明。黄河携带着高原沃土,孕育了灿烂的华夏文化,使古老的黄河文明成为世界文明宝库中厚重的一页。壶口瀑布作为黄土高原与黄河共同孕育的杰作,展现了"水"与"土"的完美交融,迸发出蓬勃的生命力,在黄河腹地激荡着强劲的脉动。那震耳欲聋的咆哮声，正是黄河性格的集中体现，诉说着中华民族千年的兴衰荣辱。黄土高原、黄河、壶口瀑布三者交相辉映，谱写了一曲中华民族的壮丽史诗。

（2）民族精神的魂魄：数万年来，黄河开峡谷、造平原、直奔东海而去，壶口瀑布则溯源而上，在坚硬的石质河床上挖掘出一条"十里龙槽"。大自然的魄力与中华民族同自然的生存斗争中所表现出的勇气与决心相映照，在自然山水的审美中，肯定了人的自身价值。自大禹治水至旱地行船，中华民族与自然环境的顽强抗争从未停歇。壶口瀑布的磅礴气势，蕴含着生存、拼搏、自立与开拓进取的民族品格，是民族精神的生动写照。

> **参考案例**
> 都江堰是一处古老的水利工程，位于四川省成都市都江堰市。它始建于秦昭王末年，由蜀郡太守李冰父子主持建造，是中华民族劳动智慧的结晶。都江堰不仅展示了古代中国水利科技的高超水平，更体现了中华民族勇于创新、自强不息的民族精神。这一伟大工程至今仍在发挥着重要作用，滋养着成都平原，被誉为"人造天河"。

（五）思政教育

2019年9月，习近平总书记首次提出黄河流域生态保护和高质量发展这一重大国家战略，强调了黄河流域高质量发展的重要性，指出要保护、传承和弘扬黄河文化。

2021年10月，中共中央、国务院发布《黄河流域生态保护和高质量发展规划纲要》，提出要传承黄河文明，讲好黄河故事，争取打造具有国际影响力的黄河文化旅游带。

2022年10月，党的二十大报告指出，要推动黄河流域生态保护和高质量发展，还提出要丰富人民的精神文化生活，增强文化自信及中华民族凝聚力，提升中华文化影响力。

> **参考案例**
> 贵德县位于青海省东部，是黄河上游的一个重要县城。这里以独特的自然风光和丰富的文化遗产而闻名，被誉为"西宁的后花园"。贵德县不仅拥有壮丽的黄河风光，还有美丽的丹霞地貌和宜人的气候条件，是一个兼具生态保护和旅游开发潜力的地区。

（六）相关文学作品

（1）《黄河颂》与《黄河大合唱》：《黄河颂》创作于1939年抗日战争时期。诗人光未然1938年从陕西宜川县壶口附近东渡黄河，前往吕梁山抗日根据地。在渡河途中，他目睹了黄河船夫与惊涛骇浪搏斗的壮烈场景，深刻感受到中华民族顽强抗争的精神，由此创作了这首诗。回到延安后，冼星海为这首诗谱曲，使其成为不朽的《黄河大合唱》。这部作品以抗日救亡为主题，热情讴歌了黄河的雄浑气势与悠久历史，赞颂了黄河对中华民族的滋养与庇护。它不仅展现了中华民族不屈不挠的精神，更彰显了中华儿女坚定的信念和无畏的勇气。《黄河大合唱》在延安陕北公学大礼堂首演后，其激昂的旋律迅速传遍全国，极大地鼓舞了抗日军民的斗志。这部作品通过音乐与诗歌的结合，生动地描绘了黄河的壮丽景象，唤起了人们对民族精神的共鸣。它不仅是抗日战争时期的精神象征，也成为中国现代音乐史上的经典之作。如今，《黄河大合唱》已被收录于人教版《语文·七年级·下册》等教材，继续激励着后人。

（2）人教版《语文·八年级·下册》课文《壶口瀑布》：梁衡在文中描绘了壶口瀑布雨季与枯水期的不同景象，通过刻画黄河之水的雄浑气势，展现了其博大宽厚、柔中带刚的特质，以及勇往直前的精神。作者由黄河的性格联想到中华民族历经磨难却坚韧不拔的品格，运用议论与抒情相结合的手法，抒发了对中华民族伟大精神的赞美之情。

> **参考案例**
>
> 人教版《语文·八年级·上册》课文《三峡》：长江三峡是中国长江上游的一段壮丽峡谷，由西向东依次为瞿塘峡、巫峡和西陵峡，以险峻的地形、壮美的自然风光和深厚的历史文化内涵著称。

四、教学重点与难点

（一）教学重点

（1）黄河流域也经历了无数的自然灾害和人为破坏，但黄河依然坚韧地流淌着，为中华民族提供了源源不断的水资源和生命之源。引导学生从黄河身上看到生命的顽强和坚韧，激发学生对生命的热爱和珍视之情，更加积极地面对生活中的挑战和困难。

（2）介绍农耕文化和黄河文化，强调农民们视土地为生命之源的观念，以及土地在农业生产中的核心地位。农耕文化所蕴含的勤劳、节俭和重视农业的传统价值观，为中国的农业发展乃至全面发展提供了强大的精神动力和文化支撑。

（二）教学难点

1. 学生的困惑与误区 壶口瀑布代表了黄河之魂，黄河象征着中华之魂。壶口瀑布本身不仅仅是奔放壮观的自然景观，更是民族精神的缩影。学生参与过程中，需要注重自然景观背后蕴含的文化与精神。

2. 教学过程的引导误区

（1）对于不同专业方向、不同年龄阶段的学生，教师在教学过程中对于内容的选取应该有所偏重，不可过分面面俱到，忽略学生对过程的体验和感悟。例如，对于水利建筑专业类学生，着重讲解壶口瀑布的形成原因和壶口瀑布形态变化的原理知识；对于文史专业类学生，着重体验与感受民俗文化和风土人情。

（2）壶口瀑布所折射的民族文化是涵养学生文化自信的养料，教师应当在课程教学过程中恰到其处地融入思政元素，提升课程思政引领力。

五、教学设计

（一）导入新课（5min）

壶口瀑布不仅是自然奇观，更是中华民族精神的象征。今天我们将走进壶口瀑布，感受黄河的雄浑与壮丽，领略黄河前赴后继、勇往直前的精神，并从中感悟中华民族坚韧不拔、百折不挠的品格。让我们一起开启这段震撼心灵的旅程吧！

（二）讲授新课（20min）

（1）介绍壶口瀑布的地理位置，它位于黄河中游，是黄河上的一处重要景点。

（2）描述壶口瀑布的特点，如瀑布宽度、落差、水流量等，以及它独特的黄色水质和壮观景象。

（3）介绍壶口瀑布的周边景点，深入了解这边土地的自然与文化，丰富学生体验。

（4）介绍壶口瀑布在文学、艺术等领域的地位，如古代文人墨客的诗词歌赋中对壶口瀑布的描绘，通过文学作品反映壶口瀑布蕴含的哲理。

（5）探讨壶口瀑布在环境保护、生态旅游等方面的意义。

（三）课堂互动（15min）

（1）小组讨论与汇报：将学生分成若干小组，每个小组负责一个与壶口瀑布相关的话题，如壶口瀑布的形成原因、地质特点、历史文化价值等。学生在小组内进行讨论，收集资料，整理观点。

（2）角色扮演与互动问答：学生可以扮演导游、游客、历史学家等角色，围绕壶口瀑布进行互动问答。这样让学生更直观地理解壶口瀑布的历史文化背景，在实践中巩固了所学知识。

（四）实地考察（120min）

（1）实地观察壶口瀑布的自然景观和生态环境，近距离感受壶口瀑布景观。走访调查并了解壶口瀑布当地的人文景观、风土人情等。

（2）记录壶口瀑布的景观特点，如瀑布的宽度、落差、水流等。采访当地居民或游客，了解他们对壶口瀑布的看法和感受。参观当地的旅游设施，了解壶口瀑布的旅游开发和保护情况。

（五）布置作业（5min）

谈谈中华民族面临哪些灾难时体现出了百折不挠、自强不息的精神。根据自己对壶口瀑布的理解和感受，创作一幅绘画作品或编写一首小诗，展示壶口瀑布的壮丽景色与独特魅力。

六、思考与练习

（1）瀑布水流的起伏变化如何象征生命的起伏和不断适应环境的能力？

（2）壶口瀑布在中国文化和历史中的地位如何反映了人与自然和谐共生的理念？

（3）瀑布水雾和潭水对周围生态的支持和影响是如何形成生态平衡的？

（4）壶口瀑布周围的生态系统和生物多样性如何展示了生命在不同环境中的适应能力和生存策略？

（5）壶口瀑布作为自然景观，如何通过其独特的地质特征和水文环境，启发人们探索地球历史和自然演化过程中生命的进化与适应？

七、拓展阅读

（一）多媒体资源

（1）《黄河绝恋》（电影）。
（2）《天下黄河》（纪录片）。
（3）《黄河流过的村庄之鼓舞人生》（纪录片）。
（4）《黄河之魂》（系列微纪录片）中的《红色沃土》。
（5）《航拍中国》第三季第六集《一同飞越——山西》（纪录片）。

（二）图书资源

（1）临汾年鉴编纂委员会. 临汾年鉴[M]. 北京：中华书局，2018：260.
（2）梁衡. 壶口瀑布[M]. 武汉：长江文艺出版社，2019.
（3）张楚汉. 黄河九篇[M]. 北京：科学出版社，2023.
（4）杨明. 黄河简史[M]. 桂林：广西师范大学出版社，2021.
（5）葛剑雄. 黄河与中华文明[M]. 北京：中华书局，2020.

八、教师札记

壶口瀑布，作为黄河之上最为壮丽的自然奇观，既是大自然的杰作，也是中华民族不屈不挠、勇往直前精神的象征，对于培养学生的民族自豪感与生命意识具有重要意义。

壶口瀑布水势浩大，犹如万马奔腾，这种自然界的磅礴力量，给人以强烈的心灵震撼。它象征着中华民族在历史长河中，面对困难和挑战时所表现出的坚韧不拔和敢于拼搏的精神。通过直观感受壶口瀑布的壮观景象，引领学生感受那种震撼人心的力量，从而引发学生对民族精神的思考和讨论。

壶口瀑布教会我们生命的流转不息和适应变化的重要性。"黄河之水天上来，奔流到海不复回"，这既是自然界的真实写照，也是对生命轮回的哲理启示。我们在教学中鼓励学生从瀑布的奔流中领悟生命前行的意义,理解个体生命应如何勇敢面对挑战、顺应自然,并在逆境中实现自我成长。

通过生动的课堂教学,引导学生在认同民族精神的同时,也能在自然现象中寻求生命的意义,把握生活的方向。这样的教学实践既让学生对自然景观有了更深刻的认识,也让他们的生命体验与民族精神产生了共鸣,培养了学生对生命价值的尊重,增强了民族自信心。

九、主要参考文献

石力. 黄河壶口瀑布风景名胜区景观特征综述[J]. 中国园林,1991(4):34-37.

于国源. 黄河壶口观瀑[J]. 工会博览(下旬版),2018(9):64.

第四章 生命与儒家哲学：以曲阜孔庙为例
——曲阜孔庙明道，生命教育树人

一、学习目标

- 了解孔子及其思想体系的基本内容，理解"仁""礼""中庸"等核心概念在儒家哲学及生命观中的体现。
- 运用儒家哲学视角审视个人生命的意义、价值及社会责任，培养对生命的尊重、珍惜与责任感。
- 通过实地考察与理论学习，提升学生的文化自觉与道德判断力，形成积极向上的人生观、价值观。
- 将儒家智慧转化为实际行动，学会在日常生活和学习中践行仁爱、诚信、礼让等美德，促进个人全面发展。

二、背景资料

（一）曲阜孔庙的前世今生

曲阜孔庙，巍然矗立于山东省济宁市曲阜明故城的南部，乃是中国现存历史最为悠久的古代建筑群之一，其悠久岁月可追溯至2500年前的辉煌时代。史籍浩瀚，详尽记载了孔庙历经的数十次重大维修与重建活动，这些不懈的努力与匠心独运，使得孔庙的布局在时光的雕琢下不断演变，最终定格为今日之壮丽景观。曲阜孔庙占地总面积14hm²，内九进院落错落有致，其间殿堂楼阁、祠庙牌坊交相辉映，总计466间建筑错落分布，加之54座巍峨牌坊与17座古朴碑亭点缀其间，共同织就了一幅气势恢宏的古代建筑画卷，无愧为我国规模最大的古代建筑群典范之一。

孔庙今日之庙制，实则是跨越两千多年风雨沧桑，历经无数次天灾人祸的摧残与重建，不断修葺与拓展的结晶。其发展历程，依据庙制发生重大转折的标志性时刻，可大致划分为初建之基、扩建之盛与规模完成之三大阶段。每一阶段的变迁，都见证了数次具有历史转折意义的重建、扩建与修缮活动，正是这些不懈的努力，铸就了曲阜孔庙独一无二的历史景观与文化底蕴。

（1）初建阶段：曲阜孔庙的初建阶段大致可追溯至公元前478年直至三国魏黄初二年期间。春秋末年，孔子辞世后不久，其故居即被尊为圣地，次年便依宅立祠，以表追思。这一宗庙的设立，虽在常规上应遵循周代礼制——"天子七庙，诸侯五庙，大夫三庙，士一庙，庶人无庙"，但鉴于孔子虽曾任鲁国大司寇，晚年却以"布衣"身份传世，其后人为其立庙之举，实乃超越常规之举，饱含深情与敬意。孔庙之初，不过庙屋三间，坐落于孔子旧宅之中，不仅供奉孔子之灵位，更珍藏其生前遗物，如衣物、车马、琴书等，以资纪念。此时孔庙布局虽无详细记载，但依常理推测，其规模虽小，却足以承载后世对先师的无尽敬仰与怀念。

随着时间的推移，孔庙逐渐从鲁城北的洙泗二水之间移至孔子旧宅，即今日曲阜孔庙内的杏坛附近。这一变迁，不仅是对孔子生前居所的尊重，更是对其学术与思想传承的重视。秦始皇焚书坑儒之际，孔子八世孙孔鲋将藏书藏于旧宅壁中，设法使孔子旧宅在动荡中保存下来。至东汉中期，孔庙正式迁回孔子旧宅，并经历了一系列修缮与扩建。据《乙瑛碑》等史料记载，孔庙的重建得到了朝廷的支持与重视，其规模与布局亦逐渐完善。汉灵帝年间，鲁相史晨更是主持了盛大的祭孔仪式，并随后对孔庙进行了细致的修缮，增置碑刻，以彰显其庄严与神圣。曹魏时期，孔庙在维持原有规模形制的基础上，于庙外增设房舍，以供学子居住，恢复了"庙学合一"传统。然而，魏晋南北朝时期，战乱频仍，鲁城日渐衰落，孔庙亦未能幸免，经历了多次兴废。直至宋武帝孝建元年，孔庙方得以在原址重建，并基本保持了此前的庙制。此后直至唐代，孔庙始终作为儒家文化的圣地，承载着传承与弘扬孔子思想的重任。

（2）扩建阶段：曲阜孔庙的扩建历程，自唐高宗乾封年间始，历经数朝，直至元顺帝至元二年方趋完善。这一漫长的历史阶段，见证了孔庙从"庙屋三间"的朴素形制，逐步演变为规模宏大、布局严谨的皇家规制。唐代以前，孔庙虽历经修缮，但基本维持着"庙屋三间"的简约格局，北魏郦道元《水经注》中的描述便生动反映了这一点。然而，自唐代起，随着国力的强盛与对文化礼制的重视，孔庙开始步入大规模扩建的新纪元。唐高宗封禅途经曲阜，诏令扩建孔庙，不仅扩大了原有范围，更在庭院布局、建筑风格上进行了革新，引入了多层斗拱、开窗墙壁及环绕步廊等设计，使孔庙外观焕然一新，初具王宫气象。

宋代时期，儒学备受尊崇，孔庙扩建进入高潮。宋太祖、宋太宗相继对孔庙进行大规模兴建，尤其是宋太宗时期，增建了藏书楼（后称奎文阁），藏书并作为内院正门，进一步提升了孔庙的文化地位。同时，孔庙布局也发生显著变化，形成了四进院落的格局，正殿、寝殿、杏坛等建筑相继落成，整体规制更为宏大。宋真宗追封孔子为"至圣文宣王"，更是标志着孔庙向帝制规格的提升，房屋总数激增，布局基本定型。

金代时期，尽管初期孔庙保持原貌，但南宋末年金军入侵后，孔庙遭受重创。金章宗即位后，为彰显对儒学的尊崇，拨巨资重修孔庙，不仅恢复了原有规模，更增添了华丽色彩，如大成殿外柱改为雕龙石柱，屋顶覆以绿色琉璃瓦等，使孔庙更显庄重与尊贵。此外，金代还增设了多座殿堂与碑亭，丰富了孔庙的文化内涵。元代时期，战乱频仍，孔庙亦未能幸免。然而，在元世祖、元成宗等皇帝的重视下，孔庙得以修复并扩建。特别是元顺帝至元二年，孔庙修缮工作完成，围墙四角增建角楼，庑殿之上增设装饰，孔庙的规制进一步向王宫靠拢，达到了前所未有的辉煌。

（3）规模完成阶段：曲阜孔庙的宏伟规模最终确立于元顺帝至元二年至清末，尤以明代为其鼎盛时期之起始。自明初至弘治年间，孔庙历经重大变革，布局焕然一新，标志着其全盛时代的来临。此阶段，孔庙南北纵深显著延长，大成殿扩建并采用王宫五门之制，礼制化臻于完善。然而，弘治十二年的一场大火险些摧毁这一文化瑰宝，幸而次年即启重修，不仅复原了二十八根石刻龙柱的壮丽，还提升了寝殿及各殿规格，庭院空间亦得微妙优化，尽显皇家气派。

正德年间，《阙里志》所绘孔庙布局图，已与现代所见极为接近，其平面呈南北长、东西短之矩形，中轴对称，布局严谨，七进院落层次分明，庙门三重，更显庄严。院落间以石桥相连，碧水环绕，奎文阁高耸，碑亭林立，大成殿面阔九间，东西廊庑延展，寝殿后设后土祠与焚锦所，祭祀与服务设施一应俱全，彰显了对孔子及其思想的无上尊崇。明正德七年，为保护孔庙免受侵扰，曲阜城环绕孔庙重建，形成独特的"万仞宫墙"，实现了"移城卫庙"的壮举。明清两代，孔庙持续繁荣，碑亭与建筑增建不断，体量扩大，庭院开阔，屋面更以黄色琉璃瓦覆盖，尽显皇家风范，终成今日之壮丽格局。

曲阜孔庙作为中华文明的缩影，其布局与规模的演变，不仅映射出后人对孔子的敬仰与对教育的重视，更蕴含了封建统治者对民众的教化与统治意图。历经两千五百余年风雨沧桑，孔庙屡毁屡建，每一次重建都是对其规模与地位的提升，最终成就了与故宫相媲美的辉煌。孔庙景观是历史的见证与动态发展的产物，其非凡意义与历史地位，皆源于其深厚的历史底蕴与不断演进的历程。

（二）孔子生平及其思想概述

（1）生平简介：孔子诞生于一个历史悠久的武士家族，其祖先可追溯至商朝的天子血脉。在商朝末年，商都之地由武庚承袭以奉商祀，然武庚反叛后，其兄微子被封为宋公，孔子的远祖便随之成为宋国的贵族。历经六代传承，至孔子父亲叔梁纥时，家族虽遭遇变故，家道中落，但孔子自幼随母迁居至鲁国都城曲阜，这里曾是西周分封的重要领地，由周公旦之子伯禽治理，并带来了丰富的礼乐制度与典籍，使得鲁国成为当时文化最为繁荣之地。

春秋时期，鲁国以其深厚的文化底蕴著称，孔子便是在这样的环境中成长，对知识的渴望如同饥渴之于饮水，最终成为学识渊博、思想深邃的文化巨匠与政治家。早年，孔子虽历经丧父、丧母之痛，却凭借过人的能力，先后担任"委吏"与"乘田"等职，积累了丰富的实践经验。及至壮年，孔子已声名鹊起，开始创办私学，以"文、行、忠、信"及"诗、书、礼、乐"为核心教育内容，因材施教，培养了大批杰出弟子。

孔子曾短暂担任鲁国要职，推行"长幼异食，强弱异任，男女别途，路无拾遗"的治国理念，使鲁国一时之间政通人和、国力强盛。在对外交往中，孔子以其智慧识破了齐国的阴谋，维护了鲁国的利益。然而，他对于当时鲁国三家卿大夫势力膨胀的忧虑，促使他提出削弱其权力的主张，却因遭遇重重阻力而未能完全实现，最终因国内政治动荡而离开鲁国，开始了长达十余年的周游列国之旅。

在这段旅程中，孔子携弟子遍访卫、曹、宋、陈、蔡、楚等国，虽满怀治国理想，却屡遭冷遇与困厄。然而，正是这些经历，让孔子的思想更加深邃，影响更为深远。直至晚年，孔子应召回国，虽已无心仕途，却致力于整理古代文献，为后世留下了宝贵的文化遗产。公元前479年，孔子辞世，被弟子们安葬于鲁国城北的泗水之滨，其思想与精神则如同璀璨星辰，照亮了后世千年的文化天空。

（2）思想概述：孔子诞生于春秋乱世，一个社会动荡与变革交织的时代，然而他并未被时代洪流所淹没，反而以弘扬文化、教化民众为己任，毅然创立了私学体系，系统地整理了历史文献，从中汲取夏商文化的精髓，并继承了周文化的优良传统，构建了一个以"礼""仁""中庸""教与学"为核心内容的完整学说体系。这一学说强调以德修身，倡导博文约礼、亲仁克己、忠恕孝悌、信义廉耻、仁让恭敬，以"仁"为纲，对后续中国封建社会的政治、教育乃至整个文化生态产生了深远而持久的影响。

（3）"礼"的深邃内涵：在孔子的思想体系中，"礼"占据了举足轻重的地位，它不仅是社会行为规范的集中体现，更是社会秩序与和谐的基石。孔子深谙"礼"的历史沿革，指出"殷因于夏礼，所损益可知也；周因于殷礼，所损益可知也"，并认为周代是"礼"发展最为完备的时代，故主张"从周"。他强调，"礼"应从精神实质与外在形式两方面共同遵循，前者维护宗法等级及伦理关系，后者则通过具体的礼节仪式展现"礼"的精神内核。孔子还将"礼"的思想延伸至政治与个人修养层面，提出"君使臣以礼，臣事君以忠"，倡导每个人都应恪尽职守，以促进社会的稳定与发展。

（4）"仁"的哲学升华："仁"作为孔子学说的核心，是对古代"仁"概念的丰富与升华。孔子认为"仁"即"仁者爱人"，是一种以人为本的哲学理念，强调人与人之间的关爱与尊重。"己所不欲，勿施于人"成为"仁"的核心理念之一，不仅在个人修养上具有指导意义，也广泛应用于教育领域，鼓励学子们勇于担当，博学笃志，追求真理。在政治层面，孔子主张"为政以德"，即通过道德教化来治理国家，实现社会的和谐与繁荣。

（5）"中庸"的智慧之道："中庸"思想不仅是孔子个人行事处世的准则，也是品德修养的重要指导原则。它强调"中"与"和"的统一，即在处理事务时要把握适度原则，避免过犹不及。孔子提倡"君子和而不同"，认为不同的事物因其独特性而具有各自的价值，应在尊重差异的基础上实现和谐共生。这一思想不仅促进了个人品德的完善，也为构建和谐社会提供了宝贵的智慧。

（6）"教与学"的实践智慧：孔子一生致力于学习与教育事业，积累了丰富的教学经验。他强调"知之为知之，不知为不知"的求实态度，以及"三人行，必有我师焉"的谦虚精神。在教学过程中，孔子注重学思结合、学行结合，鼓励学生将所学知识应用于实践，通过不断地研究与探索，将外在知识内化为自身的智慧与能力。

（7）孔庙景观与儒家思想的融合：孔庙作为儒家文化的重要载体，其景观设计与空间布局无不渗透着孔子的哲学思想。从建筑的布局到植物的配置，都体现了儒家文化对于秩序、和谐与礼制的追求。孔庙不仅是一座祭祀孔子的神圣殿堂，更是传承与弘扬儒家思想的文化圣地，对中国人的世界观、价值观与审美观产生了深远的影响。

三、教学内容

1. 孔子生平与生命教育的启示

（1）逆境成长：探讨孔子在早年丧父、家境贫寒的逆境中如何坚持学习，最终成为伟大思想家的过程，启发学生理解生命的韧性和不屈不挠的精神。

（2）生命目标：分析孔子一生致力于教育、传播思想的追求，引导学生思考自己的生命目标和使命，培养积极向上的生活态度。

2. "仁"与生命价值的实现

（1）爱的传递：深入解读"仁者爱人"的内涵，不仅指人与人之间的关爱，还扩展到对自然、对社会的爱，引导学生理解生命的价值在于给予和奉献。

（2）自我完善：探讨如何通过"仁"的实践，如孝顺父母、友爱兄弟、尊重师长等，实现个人品德的提升和生命价值的升华。

3. "礼"与生命秩序的维护

（1）社会秩序：分析"礼"作为社会行为规范的重要性，引导学生理解遵守规则、尊重他人是维护社会和谐、保障生命安全的基础。

（2）内心秩序：进一步探讨"礼"在内心世界的作用，即通过自我约束和修养，达到内心的平静与和谐，实现生命的内在秩序。

4. "中庸"与生命智慧的追求

（1）平衡之道：详细阐述中庸之道的精髓，即在复杂多变的生活中找到平衡点，避免极端和偏激，引导学生学会在挑战与机遇之间保持冷静和理智。

（2）智慧生活：结合现代生活的实例，如工作与生活的平衡、人际关系的处理等，探讨如何运用中庸思想指导日常生活，实现智慧而和谐的生命状态。

5. 生命教育的儒家视角深化

（1）天人合一：从儒家"天人合一"的哲学思想出发，引导学生思考生命与宇宙、自然、社会之间的内在联系，理解生命的宇宙意义和生态价值。

（2）超越生死：探讨儒家对生死的看法，如"未知生，焉知死"的生死观，引导学生正视生命的有限性，珍惜当下，追求超越生死的精神永恒。

6. 价值追求的实践

（1）道德实践：结合儒家思想中的道德规范，如忠、孝、信、义等，设计具体的道德实践活动，如家庭伦理教育、社区志愿服务等，让学生在实践中体验道德的力量和价值。

（2）个人成长：鼓励学生根据自身特点和兴趣，制订个人成长计划，将儒家思想中的智慧融入日常学习和生活中，促进个人全面发展。

7. 曲阜孔庙实地考察的深化体验

（1）深度导览：邀请专业讲解员进行深度导览，不仅介绍孔庙的历史沿革和建筑特色，还深入挖掘其背后的文化内涵和教育意义。

（2）互动体验：设计互动体验环节，如穿戴古代学子服饰、参与模拟祭孔仪式等，让学生身临其境地感受儒家文化的氛围和魅力。

（3）现场讨论：组织学生在孔庙内或周边区域进行小组讨论或辩论，围绕儒家思想与生命教育的主题展开深入思考和交流。

8. 案例分析与讨论的深化理解

（1）生命故事：选取具有代表性的儒家历史人物，如孟子、荀子、朱熹等，深入挖掘他们的生命故事和思想贡献，分析其对生命教育的启示和影响。

（2）思想碰撞：将不同儒家学者的思想观点进行对比分析，探讨其异同点和互补性，引导学生形成全面而深刻的认识。

（3）跨界融合：选取现代生活中的各个领域（如企业管理、心理咨询、环境保护等），探讨儒家思想如何与这些领域相融合，为生命教育提供新的视角和方法。

（4）实践案例：引入具体的实践案例进行分析讨论，如企业采用儒家管理理念实现可持续发展、学校开设儒家文化教育课程等，让学生看到儒家思想在现代社会中的生命力和价值。

四、教学重点与难点

（一）教学重点

（1）儒家哲学的核心思想解析：深入解析儒家哲学的核心思想，如"仁爱""礼制""中庸之道"等，通过生动具体的案例和历史故事，帮助学生理解这些思想的内涵及其在现代社会中的价值。同时，引导学生思考这些思想如何与个人的生命成长、社会和谐及人类命运共同体的构建相关联。

（2）生命教育的多维度融合：将儒家哲学中的生命智慧与生命教育相结合，从个体生命价值、情感道德、社会责任等多个维度进行融合教学。通过探讨生命的意义、尊重生命、关爱他人、自我实现等议题，帮助学生树立正确的生命观和价值观，培养健康的心理品质和良好的行为习惯。

（3）实践活动的设计与实施：设计并实施一系列与儒家哲学和生命教育相关的实践活动，如社区服务、文化传承项目、生命教育工作坊等。这些活动旨在让学生将所学知识应用于实践中，通过亲身体验加深对儒家思想的理解和感悟。同时，通过实践活动培养学生的社会责任感和团队合作精神。

（4）批判性思维与创新能力培养：在教学过程中，注重培养学生的批判性思维和创新能力。鼓励学生质疑、进行独立思考，并运用儒家哲学中的智慧和方法论去分析和解决问题。同时，引导学生关注社会现实和未来发展，培养他们的创新意识和实践能力。

（二）教学难点

1. 学生的困惑与误区

（1）儒家哲学作为古代思想体系，与现代学生的生活经验和兴趣点可能存在一定距离。

（2）当没有适合外在参照的现实人物或是身边人物时，学生会将自己放在"旁观者"的位置去学习。

2. 教学过程的引导误区

（1）文化深度与理解难度的平衡是一大困惑。儒家思想深邃复杂，其哲学体系庞大，如何将其精髓以通俗易懂的方式传达给学生，同时又不失其文化深度，是教师需要反复斟酌的问题。过于简化可能失去原有意蕴，而过于深入则可能让学生望而却步。

（2）实践活动的有效性与可持续性存在误区。虽然实践活动是连接理论与现实的重要桥梁，但如何确保这些活动不仅形式丰富，而且能够真正触动学生的内心，促进其对儒家思想的理解与应用，是教学实践中的难点。同时，如何保持这些活动的长期性和连贯性，避免成为一次性的"走过场"，也是教师需要思考的问题。

五、教学设计

（一）导入新课（5min）

通过一段引人入胜的视频或图片展示曲阜孔庙的庄严与辉煌，引导学生进入课堂情境。随后，提问学生："你们知道曲阜孔庙是纪念哪位伟大思想家的吗？他的思想对我们的生命教育有何启示？"这样的提问旨在激发学生对孔子及其思想的兴趣，为接下来的学习奠定情感基础。

（二）讲授新课（40min）

（1）孔子生平与曲阜孔庙介绍（10min）：首先简要介绍孔子的生平事迹，强调他对后世教育的深远影响。随后，详细介绍曲阜孔庙的历史背景、建筑特色及文化意义，让学生理解其作为儒家文化圣地的重要性。

（2）儒家哲学思想精髓（15min）：重点讲解儒家思想的核心，如"仁爱""礼制""中庸之道"等，并联系孔子的言行，阐释这些思想在现实生活中的应用。特别强调儒家思想对生命教育的指导意义，如通过"仁爱"之心关爱他人、尊重生命，通过"礼制"规范行为、培养良好品德。

（3）生命教育在曲阜孔庙的体现（15min）：结合曲阜孔庙的碑刻、匾额、楹联等文化元素，引导学生发现其中蕴含的生命教育意义。通过解读具体事例，让学生理解儒家思想如何在潜移默化中影响人们的生命观和价值观，鼓励学生思考如何将儒家智慧融入自己的生命中。

（三）课堂互动（15min）

（1）角色扮演：将学生分组，每组选择一个儒家经典故事或场景进行角色扮演，如"孔融让梨""子路负米"等，通过表演加深对儒家思想的理解和感悟。表演结束后，各组分享体会，讨论儒家思想如何体现在日常生活中。

（2）问题研讨：围绕"儒家思想如何指导我们的生命成长？"这一主题，鼓励学生提出自己的见解和疑惑，全班进行开放式的讨论和交流，教师适时引导，促进学生之间的思想碰撞和深度思考。

（四）实地考察（120min）

组织学生前往曲阜孔庙进行实地考察。在参观过程中，教师结合现场实物，详细讲解儒家文化的具体表现，如大成殿的祭祀仪式、碑林中的历史记载等。同时，引导学生观察游客的行为举止，思考儒家思想对现代社会的影响。通过实地体验，加深学生对儒家文化及生命教育的理解和认同。

（五）布置作业（15min）

（1）撰写观后感：要求学生撰写一篇关于曲阜孔庙实地考察的观后感，重点阐述自己对儒家思想及生命教育的新认识和新感悟。

（2）制订行动计划：鼓励学生根据所学内容，制订一份个人成长计划，明确自己在未来如何践行儒家思想，提升生命品质。

六、思考与练习

（1）设想你站在曲阜孔庙的大成殿前，面对孔子的塑像，思考并写下你的个人生命愿景。如何将儒家思想中的"仁爱""礼制"等理念融入你的生命愿景中，使之成为你行动的指南？

（2）结合曲阜孔庙所体现的儒家文化，你认为生命价值是什么？儒家思想如何帮助你理解并实践这些价值，使你的生命更加充实和有意义？

（3）在曲阜孔庙的参观中，你是否感受到了儒家思想对于社会责任的强调？请思考并举例说明，在日常生活中，你如何践行"己所不欲，勿施于人"的原则，以促进社会和谐与生命共荣。

（4）结合曲阜孔庙所承载的儒家文化，探讨儒家对于生死循环、死后生命或灵魂去向的看法。这些观点如何影响你对生命本质和死亡意义的理解？你如何将这些思考融入自己的生活中，以更加平和与积极的心态面对生命的起落？

七、拓展阅读

（一）多媒体资源

（1）《世界遗产在中国》第 17 集《曲阜孔庙、孔林、孔府》（纪录片）。

（2）《人类的记忆——中国的世界遗产》第 27 与第 28 集《三孔春秋》（纪录片）。

（3）*The Story of China*（纪录片）。

（二）图书资源

（1）周洪宇，赵国权. 中国文庙研究丛书[M]. 济南：山东教育出版社，2021.

（2）梁思成. 曲阜孔庙建筑及其修葺计划[M]. 北平：中国营造学社，1935.

（3）沈旸. 东方儒光——中国古代城市孔庙研究[M]. 南京：东南大学出版社，2015.

八、教师札记

（1）设计实践导向的教学活动：将儒家理论融入实际生活中，设计一系列实践导向的感悟生命教学活动。例如，组织学生进行社区服务、敬老院探访等志愿服务活动，让学生在实践中体验"仁爱"精神、生命价值和意义。

（2）采用多元化教学方法：结合讲授、讨论、案例分析、实地考察等多种教学方法，激发学生的学习兴趣和主动性。利用多媒体技术展示儒家经典著作的原文与注释，帮助学生跨越语言障碍；组织小组讨论，鼓励学生分享个人见解和体验，促进思想碰撞。

（3）避免过度解读与误读：在讲授儒家思想时，应坚持客观、准确的原则，避免个人主观色彩的干扰。对于复杂难懂的概念和术语，应提供详细的解释和例证，帮助学生准确理解其含义。同时，鼓励学生提出疑问和质疑，通过师生共同探讨来澄清误解和纠正错误。

九、主要参考文献

陈传平. 曲阜孔庙孔林孔府[M]. 西安：三秦出版社，2004.

邓之林. 孔子与三孔[M]. 成都：蓝天出版社，1998.

范小平. 中国孔庙[M]. 成都：四川文艺出版社，2004.

孔祥雷. 孔庙及其社会价值[J]. 沧桑，2006：08.

孔祥林. 孔庙·孔林·孔府[M]. 北京：中国水利水电出版社，2004.

梁思成. 梁思成全集第三卷[M]. 北京：中国建筑工业出版社，2001.

柳雯. 中国文庙文化遗产价值及利用研究[D]. 济南：山东大学，2008.

骆承烈. 儒家文化的精神家园——孔庙[J]. 孔子研究，2007：02.

潘谷西. 中国建筑史[M]. 北京：中国建筑工业出版社，2004.

彭蓉. 中国孔庙研究初探[D]. 北京：北京林业大学，2008.

彭一刚. 建筑空间组合论[M]. 北京：中国建筑工业出版社，1998.

邵婷. 论曲阜孔庙大成殿龙纹装饰纹样的艺术特色[D]. 西安：西安美术学院，2009.

世界遗产在中国电视系列丛书编委会. 世界文化遗产（一）[M]. 长沙：湖南科学技术出版社，2008.

唐军. 追问百年——西方景观建筑学的价值批判[M]. 南京：东南大学出版社，2004.

杨朝明. 游访孔庙孔府孔林·东方的文化圣地[M]. 上海：上海古籍出版社，2004.

张祥. 世界建筑文化——中国孔庙[J]. 华人时刊，2003：09.

张亚祥. 孔庙和学宫的建筑制度[J]. 古建园林技术，2001：04.

第五章 生命与中华文明：以黄帝陵为例
——拜谒黄帝陵，践行华夏情

一、学习目标

● 参观黄帝陵和轩辕庙，体会中华文化的根脉所在，寻找文化归属感，增强文化自信。

● 通过参观祭祀大典，探寻黄帝陵与黄帝祭祀的历史意义，感受中华民族传统文化，强化家国观念，铸牢中华民族共同体意识。

● 感受"黄帝手植柏"五千多年的历史沉淀，体会中华上下五千年的历史跨越，激发民族自豪感。

二、背景资料

（一）黄帝陵介绍

黄帝陵素有"天下第一陵"之称，坐落于陕西省中部黄陵县桥山东麓。陵区由轩辕庙与黄帝陵两部分组成，两者相距0.9km。《史记》载："黄帝崩，葬桥山"。桥山山脉呈南北走向，属典型黄土高原地貌，塬、梁、峁交错分布，沟壑纵横，蔚为壮观。陵区自然环境得天独厚，山下沮水三面环抱，山上古柏参天，8万余株柏树中树龄逾千年的约有3万株，构成全国最古老、面积最大的柏树群。帝陵建筑群依山傍水，多采用汉唐时期古朴粗犷的建筑风格。黄帝陵景区将山、水、陵、木融为一体，既营造出庄严肃穆的帝陵氛围，又彰显了深厚的历史文化底蕴。

（二）背景介绍

黄帝陵古称"桥陵"，是历代帝王和名人祭祀黄帝的重要场所。据史载，最早的黄帝祭祀始于秦灵公三年（前422年），当时秦灵公"作吴阳上畤，祭黄帝"。自汉武帝元封元年（前110年）亲率18万大军祭祀黄帝陵后，桥山便成为历代王朝举行国家大祭的圣地，至今保存着从汉代以来的各类珍贵文物。陵前有一株"黄帝手植柏"，相传为黄帝亲手栽种，树龄已逾5000年，被誉为世界上最古老的柏树。民国31年（1942年），陕西省第三区专员公署正式命名此地为黄帝陵，以此纪念人文始祖轩辕黄帝。1961年3月，黄帝陵被国务院公布为第一批全国重点文物保护单位，编为"古墓葬第一号"。2006年,清明公祭轩辕黄帝典礼(黄帝陵祭典)活动被列入第一批国家级非物质文化遗产名录。2014年8月,黄帝陵被列入申报世界文化遗产项目。2015年2月,习近平总书记在陕西考察时指出,"黄帝陵是中华文明的精神标识"。

【附】黄帝陵位于陕西省延安市黄陵县桥山,距延安约160km,距西安约170km。黄帝陵的研学路线如下所示。

(1)参观黄帝陵。黄帝陵景区面积333hm^2,有古柏8万余株,千年以上古柏3万余株,是中国境内保存最完善的古柏群。

(2)游览轩辕庙。轩辕庙面积约10亩,院内有古柏14株,右侧有一株古柏特别粗,树枝像虬龙在空中盘绕,一部分树根露在地面上,叶子四季不衰,层层密密,像个巨大的绿伞,相传为轩辕氏手植,距今5000多年。

(3)前往黄陵国家森林公园。该公园位于黄陵县城西南部40km的桥山林区,沮河上游,总面积4358.5hm^2。园区内四季景色各异,地貌独特,是延安最大的一处国家森林公园。

三、教学内容

(一)黄帝陵的建筑与景观

1. 黄帝陵在空间布局上的独特思考 在水平空间布局上,黄帝陵景观延续了以"入口广场—印池—汉武仙台—黄帝陵冢—龙驭阁"为轴线的陵区布局,同时增设了以"入口广场—轩辕庙—人文初祖殿—轩辕殿"为轴线的庙区布局,形成两组相对式的轴线布局结构(图5-1)。这种均衡的布局设计彰显了黄帝陵的庄重与肃穆,契合儒家中庸之道的理念。庙区布局采用空间重复的手法,从开阔的庙前区入口广场,经过狭窄的连桥,再进入开阔的台阶广场,随后步入由树林围合而成的封闭式林院,最终抵达宏大的主祭祀广场。在到达空间序列的高潮——主祭祀广场之前,连续重复的子空间与方向性的路径共同构成了长而深的空间序列,形成重复的场所记忆,更好地烘托了空间高潮所展现的精神力量,凸显了黄帝陵恢宏博大的场所感。在垂直空间布局上,黄帝陵景观巧妙地利用了坡地地势,设计了轴线升起式的空间序列,空间随地势升高而逐级抬升,以向上的崇拜表达纪念情感,增强了空间的纵深感。庙区设计中,将空间序列的高潮——主祭祀广场置于轴线尽端的坡地高处,优于平地上形成的控制性中心区域。这种设计与自然基底相融合,既减少了土方使用,又形成了多层次的空间效果,给人以心理上的敬畏感与视觉冲击,进一步强化了黄帝陵庄重肃穆的氛围。

2."黄帝手植柏" 当地人用"七搂八揸半,疙里疙瘩不上算"来形容"黄帝手植柏"的粗壮,意思是说"黄帝手植柏"较为粗壮,七八个人合抱都抱不住。相传此树为轩辕黄帝所植,故称"黄帝手植柏",又称"轩辕柏"。根据测试,该树应有五千多年的树龄,远早于我们国家有文献记载的历史,且其栽种年代与黄帝时代相近,其是否为黄帝亲手所植已无证可考,但必然与之有一定关系,大胆猜测可能是当时百姓为纪念黄帝所种植。同时这棵树能保存到现在,并且枝繁叶茂,说明历朝历代都有人精心照料。这在国家建立以后尚有可能是官方的行为,但在早期可能更多的是百姓自发维护,其中

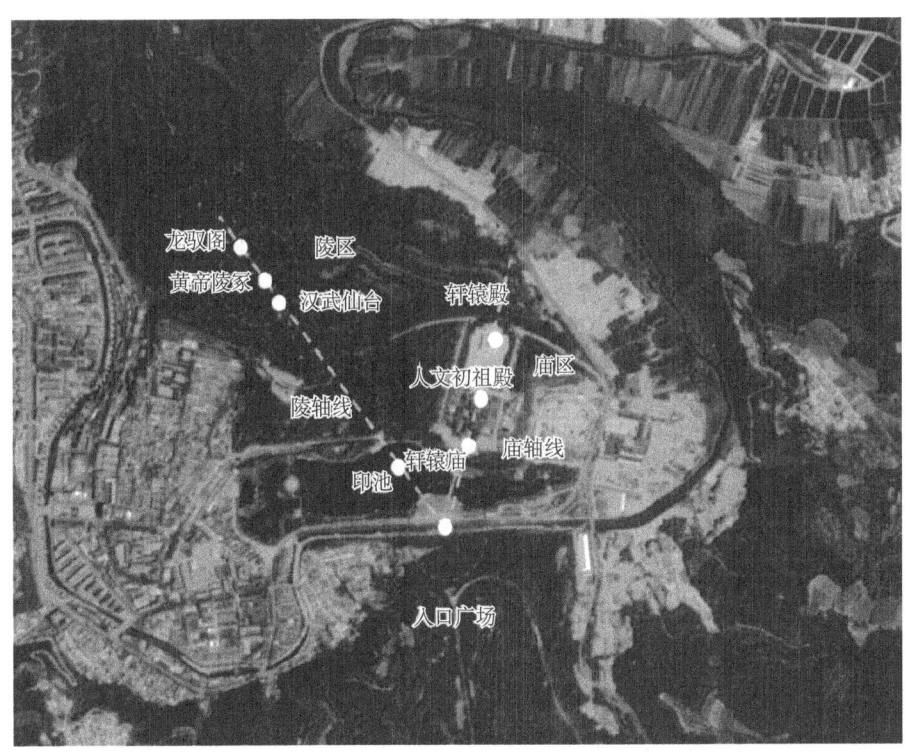

图 5-1　黄帝陵景观空间布局轴线

必然饱含着对黄帝的敬仰之情。

（二）黄帝陵的历史价值和黄帝文化、根亲文化

1. 了解黄帝的生平，探讨其被称为"中华文明的始祖"的原因　黄帝生活在遥远的古代，具体年代虽然已不可考，但他的一生却充满了传奇色彩。他不仅是华夏民族的共同祖先，更是中华文明的重要奠基人。他的一生是对生命意义的探索，也是对文明进步的贡献。黄帝又称轩辕氏，据《史记》等历史文献记载，其出生于公元前 2697 年。黄帝是少典之子，本姓公孙，因长期居住在姬水附近，故改姓姬。他出生于有熊（现河南省新郑市），因而又称有熊氏。黄帝自幼聪颖过人，据传他出生几十天就会说话，少年时思维敏捷，青年时敦厚能干，成年后更是聪明坚毅。黄帝在位期间，努力修炼自身武力，并致力于发展农业生产。他努力种植谷物，使得部落实力逐渐增强。在这个过程中，一些弱小的部落开始投靠和追随黄帝。黄帝通过武力征伐那些频繁侵扰的部落，最终使得这些部落也愿意臣服于他。黄帝不仅注重武力和农业的发展，还注重军队的训练和军备的扩展。他通过观察天气变化，建立了五行之说，这一理论对后世的哲学、医学等领域都产生了深远的影响。黄帝的势力因得到诸侯的认可而逐渐强大起来。黄帝在统一华夏的过程中，经历了多次重要的战役。其中，最为著名的战役包括阪泉之战、冀州之战和涿鹿之战。在阪泉之战中，黄帝成功融合了炎帝部落；在冀州之战中，他智取冀州，打败了蚩尤部落的一部分；在涿鹿之战中，黄帝与炎帝部落联手，最终擒杀了蚩尤，实现了华夏的统一。

2. 关于黄帝的故事　中国历代皆有黄帝乘龙升天的神话传说，最早记载于《史记》，而现在的黄陵县大小民众皆对此耳熟能详。传说当年黄帝因政绩突出，被玉皇大帝派出的老黄龙带上天庭，成为神仙，当地桥国子民不舍黄帝，想将其留下来，但未能如愿，仅扯下了黄帝的一只靴子，埋葬在现在的陕西省黄陵县。这个神话故事说明黄帝并未埋葬在此处，此处可能仅为纪念黄帝的一个衣冠冢。在中国传统文化中，衣冠冢一般在没有尸骨的情况下，人们为表达对逝者的敬仰哀思之情，就会设立类似的纪念冢。这也进一步说明，此处很久之前就存在百姓纪念轩辕黄帝的遗迹。

3. 黄帝陵祭祀典礼在历史上的作用　黄帝作为中华民族的人文始祖，被视为中华民族兴起的根基与灵魂，对中华民族的形成、壮大及中华文明的诞生、发展做出了不可磨灭的贡献。数千年来，黄帝作为"三皇"或"五帝"之一，受到历代人民的崇敬与祭祀，被尊为中华民族的共同祖先。这种认同并非由某个人或某个集团人为塑造，而是经过5000多年历史自然形成的，是中华民族在漫长历史长河中逐渐凝聚的共同记忆与文化共识。黄帝作为"共祖"的象征，其文化纽带与精神感召具有深远的历史影响，任何力量都无法动摇或削弱。历代统治者深刻认识到黄帝在血缘、政治和文化上的纽带作用。无论是汉族政权还是少数民族政权，统治者都自视为黄帝的后裔，并在政治上始终坚持大一统的理念，维护国家统一格局。在文化上，黄帝被尊为"人文初祖"，被视为房屋、舟车、衣裳、文字、陶器、百工、指南车等物质文化的开创者，同时也是人伦礼仪制度的奠基者。这种对黄帝的尊崇不仅体现在文化层面，还深刻影响了政治与社会结构。正因如此，历代统治者不断宣扬黄帝文化与精神，以巩固其统治与国家的统一。例如，明太祖朱元璋即位后，将黄帝祭祀提升为国家大典，并将桥山黄帝陵列为国家祭祀的圣地，由皇帝派遣大臣主持祭祀。这一举措不仅彰显了黄帝在中华民族中的崇高地位，也进一步强化了黄帝作为民族象征的文化意义。这种延续数千年的祭祀传统，不仅是对黄帝个人的尊崇，更是对中华民族"本根"意识的强化。这种文化认同与精神纽带，使得中华民族在数千年的历史长河中始终保持着强大的生命力与凝聚力。黄帝祭祀不仅是一种仪式，更是一种文化传承与精神寄托。即使在今天，黄帝祭祀仍然在增强中华民族的"本根"意识和凝聚力方面发挥着重要作用。黄帝文化所体现的自强不息、厚德载物、民为邦本、开拓创新等精神，是中华民族的"原创"精神，构成了中华民族伟大精神的重要组成部分。这种精神具有强大的生命力、感召力、创造力和凝聚力，推动中华民族从弱小走向强大，历经数千年而不衰，始终保持着生生不息的力量。

4. 祭祀活动在继承优秀传统文化、弘扬和培育民族精神方面的特殊作用　通过祭祀活动，人们能够深刻感受到黄帝文化和黄帝精神的生命力、感召力与凝聚力，体会到中华传统文化和中华民族精神的博大与伟大。这种体验不仅能够增强人们的爱国主义思想，净化心灵情感，还能激励人们积极向上、奋发图强。正因如此，历代统治者对黄帝祭祀格外重视，将其列为国家大典，并作为一种礼制和制度固定下来，如历代的《御制祭文》。尽管今天的黄帝祭祀在形式与内容上与古代有很大不同，但在传承先祖精神、弘扬和培育民族精神方面，二者有着深刻的内在联系。

自改革开放以来，随着黄帝祭祀活动的恢复，每年清明节、重阳节或其他重大节日，越来越多的台湾同胞和海外侨胞参加黄帝（炎帝）祭祀活动。参与者涵盖了各个年龄段和阶层，既有白发苍苍的老人，也有天真烂漫的孩童；既有社会名流，也有普通百姓。他们不仅为黄帝陵的修缮出谋划策，还慷慨解囊、捐款捐物。有人甚至捧起一把黄帝陵的泥土带回台湾省，希望在自己去世后将其放入骨灰盒，以此表达对故土的眷恋；还有人从台湾省带来一瓶水，洒在黄帝陵上，象征叶落归根；也有人将黄陵沮河的水带回台湾省，寓意血脉相连；更有人在胸前印上"想家、想家、想家"的字样，表达对祖国的深切思念。是什么力量驱使他们这样做？又是什么吸引他们一次次回到黄帝陵参加祭祀，并不遗余力地为黄帝陵贡献力量？正如一位台湾省女歌唱家所唱："相距千里远，血缘却相连。遥望山河目，梦里碧海影。烽火已远去，儿女情更深。"黄帝祭祀在促进海峡两岸和平统一、增强民族团结方面具有独特且不可替代的作用。此外，黄帝祭祀还在感召和凝聚海外华人关心、支持祖国社会主义现代化建设方面发挥了积极作用。大批海外华人回国祭祀、探亲、观光，以"炎黄子孙"的赤子之心，不仅向黄帝陵捐款捐物，还自愿出资设立基金、奖学金等，支持祖国的教育、文化事业，或回国参与现代化建设。他们以身为"炎黄子孙"为荣，为祖国的繁荣与强大感到自豪。正如美籍华人、诺贝尔奖得主李政道教授献给黄帝陵的题词："世界各族皆兄弟，黄帝子孙独人杰。"这句话道出了海外华人的共同心声。

如今，黄帝祭祀不仅具有重要的现实意义，还蕴含着深远的历史意义。随着黄帝祭祀被列入国家大典并逐渐程序化、规模化，其在增强中华民族凝聚力、振奋民族精神、推动祖国现代化建设和统一大业方面的作用将越发显著。黄帝祭祀不仅是对祖先的缅怀，更是对民族精神的传承与弘扬，是中华民族团结一心、共同奋斗的重要象征。

5. 黄帝文化、姓氏根亲文化的魅力　　"草木祖根、山祖昆仑、江海祖源"是中华民族代代相传的文化基因与精神理念，慎终追远、报本反始、尊祖敬宗是中华民族的优良传统与基本信仰。根亲文化的核心在于"根"，既包含中华民族的血脉之根，也涵盖文化之根。炎黄子孙正是基于对共同祖先的崇敬，形成了对"根"的文化认同，进而产生"亲"的情感共鸣。根亲文化作为中华民族的重要精神纽带，通过拜祖活动得以传承与弘扬。因拜祖而来，为拜祖而聚，这种对"根"的追寻与认同，不仅是对祖先的缅怀，更是对民族文化的传承与弘扬。

（三）民俗文化

1. 黄帝陵祭典　　黄帝陵祭典被列为国家级非物质文化遗产之一。这一祭典活动旨在纪念和缅怀中华民族的始祖——轩辕黄帝。黄帝陵祭典大致可分为官（公）祭和民祭两种形式，体现了中华民族对祖先的敬仰和缅怀之情。

公祭黄帝陵即以官方名义组织的有严格规模、等级和仪式的大型祭祀活动。历史上，这一活动吸引了众多帝王将相和文人墨客前来参与。公祭活动包括祭祀场所的布置、祭祀人员的着装、祭文的宣读等。在祭祀现场，通常会有庄严肃穆的氛围和严谨的仪式流程。公祭黄帝已成为传承中华文明、凝聚华夏儿女、共谋祖国统一、开创美好生活的一项重大活动。这一活动不仅体现了中华民族对祖先的敬仰和缅怀之情，也展现了中华民族对文化传承的重视和担当。

民祭活动在公祭活动的基础上增加了更多的民间元素和形式，如鼓乐队、唢呐队和仪仗队等。这一活动形式更加多样、气氛更加热烈，吸引了更多普通民众的参与。在民祭活动中，主、陪祭人身穿黄马甲，肩披绣有"古老中国一条龙，龙的故乡在黄陵"大字的绶带。祭祀仪式中还包括击鼓、鸣钟、植纪念树等环节，寓意着对黄帝的敬仰及对后世的祝福。民祭活动不仅是对黄帝的敬仰和缅怀，更是对中华民族文化和传统的传承与弘扬。这一活动形式促进了民间文化的交流和发展，也增强了中华民族的凝聚力和向心力。

作为中华民族的重要民俗文化之一，在现代社会，黄帝陵祭典已成为连接海内外华夏儿女的精神纽带，对于促进民族团结、推动文化交流具有重要意义。同时，黄帝陵祭典的举办也促进了当地旅游业的发展，为地方经济繁荣做出了贡献。

2. 美食文化

（1）黄黄馍：因其成品色泽金黄而得名，是黄陵具有独特风味的地方小吃之一。

（2）软馍：其制作原料为软糜子面粉和蛮豆豆沙馅。制作过程是将软糜子面糅合，在35℃左右的温度下发酵5~6h，做到有浓烈酵香味、尝有甜味即可开始制作。将发酵面团捏成窝头状，填入事先煮熟的蛮豆豆沙馅，包紧并揉成顶端略尖的半球体，放置在洗净煮软的冬梨叶上，上笼蒸熟即可。

（3）黄陵猪灌肠：其也称香肠，是黄陵特有的民间小吃，有着悠久的历史和浓郁的乡土气息。在新鲜的猪血中加入荞麦面、葱花等调料，搅和成糊状，灌入洗净的猪肠内，上笼蒸熟即可。

（4）饸饹：这是以豌豆面、莜麦面、荞麦面或其他杂豆面和软，用饸饹床子（一种木制或铁制的有许多圆眼的工具）制作的传统面食小吃。在黄陵，每逢老人寿诞或小孩满月，都要吃饸饹，以祈全家和睦，福运亨通。

> **参考案例**
>
> 秦始皇陵位于陕西省西安市临潼区，是中国历史上第一个皇帝秦始皇的陵墓，也是中国古代帝王陵墓中规模最宏大、设计最复杂、陪葬品最丰富的一个。通过探讨秦始皇追求长生不老的故事，可以引导学生树立正确的生死观，珍惜生命。同时，通过对秦始皇统一六国的历史和文化遗产的保护工作的介绍，可以培养学生对民族团结和多元文化融合的认识。秦始皇的制度改革和技术创新，展现了中华民族的创新精神和科技进步，激励学生重视科技发展和文化传承。

四、教学重点与难点

（一）教学重点

（1）黄帝作为中华民族始祖轩辕氏的代表，其历史地位和文化象征意义深远。黄帝陵不仅是中华民族重要的文化遗址，还是国家级非物质文化遗产和世界文化遗产。这反映了对先祖的纪念及对中华民族起源的尊重。

（2）黄帝陵被列为全国爱国主义教育示范基地，这对于增强学生的国家认同感和民族自豪感具有重要作用。通过教学活动，学生应被引导去理解和欣赏这一文化遗产的价值，从而培养他们对传统文化的尊重和爱护。

（3）黄帝陵的祭祀大典不仅是对祖先的敬仰，更是一种文化的传承和发扬。它弘扬了中华传统文化中的孝道和敬祖观念，通过这些祭祀活动，可以培养学生的家庭和社会责任感。同时，这些活动也有助于凝聚民族情感、振奋民族精神、激发爱国热情。

（4）在教学中应当注意避免对黄帝形象的神化或误解。教师需要引导学生客观理解黄帝在中国历史上的地位和作用，以及黄帝文化在当代社会中的影响。通过多角度的介绍和批判性思考的培养，学生可以从多个维度理解黄帝及其陵墓的文化和历史价值。

（5）重视学生的个人体验和感受。通过实地考察、互动式学习等方式，学生可以直接参与祭祀仪式中，体验传统礼仪，从而更深刻地理解和感受黄帝陵的文化意义和教育价值。

（二）教学难点

1. 学生的困惑与误区

（1）文化认同感的缺失：现代社会多元文化的冲击使得一些学生可能难以形成对中华文化的深厚感情和认同感。在面对黄帝陵这样的传统文化象征时，他们可能无法理解其背后的文化意义和历史价值。

（2）对祭祀仪式的陌生：参与黄帝陵的祭祀活动时，一些学生可能只是机械地跟随流程。黄帝陵祭祀仪式的元素，如敬献祭品、祭酒等，这些对于现代学生来说可能显得陌生，他们可能不理解这些仪式的文化内涵和表达的情感。

（3）对陵墓功能的误解：部分学生可能会将黄帝陵简单地理解为一处墓地或旅游景点，而忽视了其在传承中华文化、增强民族凝聚力等方面的重要意义。

2. 教学过程的引导误区
教师可能忽视黄帝陵作为中华民族历史和文化的重要载体，其对于传承和弘扬中华优秀传统文化、加强民族认同感和凝聚力的重要作用。同时，教师也可能忽视黄帝陵作为生命教育的重要资源，其对于引导学生思考生命意义、珍惜生命、追求生命价值等方面的积极作用。

五、教学设计

（一）导入新课（5min）

播放一段简短的视频，展示黄帝陵的壮观景象和历年祭祀大典的盛况。视频中可以包含古乐、历史镜头和现代祭祖仪式，以此来烘托气氛，引发学生的好奇心和探究欲。

（二）讲授新课（20min）

1. 历史与神话的交织

（1）黄帝的多重身份：从历史和神话两个角度出发，分析黄帝作为历史人物和神话传说中的文化英雄在不同时期的形象和影响。

（2）史书中的黄帝：对比《史记》《尚书》等古代文献中对黄帝的记载，探讨这些记载对后世认知的影响。

（3）神话传说：介绍围绕黄帝的神话故事，如黄帝与蚩尤的战争，以及这些神话如何影响了黄帝的文化形象。

2. 黄帝陵的历史沿革

（1）陵墓的建造与修缮：详细讲述黄帝陵的建造历史，包括历代对黄帝陵的修缮和扩建情况，展示不同朝代对黄帝陵的态度和认识。

（2）文物与考古发现：介绍在黄帝陵附近发现的文物和考古成果，如陶俑、古币等，以及这些发现如何帮助人们更好地理解黄帝陵及其历史地位。

3. 祭祀仪式的演变

（1）传统祭祀：深入讲解古代的祭祀仪式，包括使用的祭品、仪式过程、参与的人物等。

（2）现代祭祀：分析近现代黄帝陵祭祀仪式的变化，如公祭与民祭的结合，以及电视直播等现代传播方式的使用。

（3）文化意义：探讨祭祀仪式在传承中华民族文化、增强民族认同感方面的作用。

4. 黄帝陵与现代社会

（1）文化旅游：分析黄帝陵作为旅游景点对当地经济和文化的影响，以及如何在旅游发展中保护和传承文化遗产。

（2）民族符号：探索黄帝陵作为中华民族象征的意义，以及它在不同民族和文化背景下的认同和解读。

5. 全球视角中的黄帝陵

（1）海外认知：研究黄帝陵在海外的影响力，包括对海外华人社区的意义。

（2）国际交流：分析黄帝陵在国际文化交流中的角色，如国际学术研讨会、文化交流活动等。

（3）跨文化比较：将黄帝陵与其他文化的重要历史遗址进行比较，探讨不同文化中先祖祭祀和历史记忆的特点。

（三）课堂互动（15min）

（1）情境设定：教师引入一个虚构的时空背景，假设学生拥有一台能够穿越到古代的机器。他们的任务是前往黄帝时代，向黄帝提出问题，并从黄帝那里获得关于治国理政、科技发展等方面的建议。

（2）互动提问：学生首先分成小组，每组选出一位代表扮演"黄帝"，其他组员则充当顾问团。教师给予一定的时间让"黄帝"准备回答，之后进行角色扮演环节，其中"黄帝"需要根据所学知识和理解来回答问题。

（3）小组讨论：让学生分组讨论黄帝文化中的某个方面，如道德伦理、哲学思想、科技创新等，并分享讨论成果。

（4）角色扮演：模拟黄帝与炎帝、蚩尤等部落首领的对话场景，让学生更直观地了解黄帝文化的内涵和传承方式。

（5）案例分析：通过分析现代社会中运用黄帝文化思想的成功案例，让学生理解黄帝文化在现实生活中的应用价值。

（四）实地考察（120min）

实地观察黄帝陵的自然景观和生态环境，近距离感受祭祀大典的恢宏气势。走访、调查和了解黄帝陵当地的人文景观、风土人情。参观黄帝陵的核心区域，包括轩辕庙、碑林和黄帝陵墓。了解黄帝陵的历史背景、建筑特色和文化象征意义。探索黄帝陵周围的古柏林，这些古树见证了黄帝陵的历史变迁。观察古树的种类、生长状况，感受生命在历史长河中的伟大。观看黄帝陵举行的祭祖仪式。分析祭祀仪式的程序、所用礼器和音乐，探讨其在传承中华文化中的作用。在黄帝陵博物馆或文化中心，参与书写甲骨文、制作传统祭祀用品等互动体验活动，增强对传统文化的理解和认同。通过实地考察，结合历史文献和考古资料，探讨黄帝陵的历史地位及其在中华民族历史中的作用。研究黄帝陵的建筑艺术、雕塑和装饰图案，从美学角度分析其艺术价值和文化内涵。

（五）布置作业（15min）

实地考察结束后，对本节课程内容做总结和评价工作，布置创意性作业以巩固学习内容。例如，以黄帝的轩辕剑为灵感，创作一篇短篇小说或故事，讲述一个现代少年如何通过这柄古老的剑展开一次奇妙的历史冒险；假设黄帝有写日记的习惯，让学生尝试撰写一篇黄帝的日记，内容涉及他的日常思考、治国理念或与神话中的人物（如蚩尤）的互动；利用 3D 建模软件，创建一个黄帝陵的虚拟导览项目，通过虚拟现实技术让更多人能在家中体验黄帝陵的庄严与神秘；尝试创作一首关于黄帝陵的歌曲，包括歌词和旋律，力求表达对黄帝文化和中华民族精神的理解与尊重等。

六、思考与练习

（1）黄帝是如何统一华夏各部落的？他运用了哪些策略和智慧？

（2）黄帝在位期间，有哪些重要的发明和创造？这些成就对古代中国乃至世界文明产生了怎样的影响？

（3）黄帝为何会被尊为"人文初祖"？他的人生经历中，有哪些值得我们学习和传承的品质和精神？

（4）生长千年的柏树至今依旧存在，从这一角度思考个体生命在历史长河中的位置和意义。

七、拓展阅读

（一）多媒体资源

（1）公祭轩辕黄帝网。

（2）《国家记忆》中的《黄帝陵——人文初祖》（纪录片）。

（3）《黄帝》（纪录片）。

（4）《心香一炷祭轩辕》（黄帝陵祭典专题片）。

（二）文学作品

（1）萧永义. 毛泽东诗词史话[M]. 北京：东方出版社，2004.

（2）刘鹏.《黄帝内经》通识[M]. 北京：中华书局，2024.

（3）韩养民，刘宝才. 黄帝文化史典[M]. 西安：西北大学出版社，2023.

八、教师札记

（1）通过教学，使学生了解黄帝陵的历史背景、文化意义及其在中华民族心中的地位，培养学生对黄帝陵及其代表的中华文化的尊重和敬仰之情，引导学生思考生命的意义，感受中华民族的连续性和生命力。了解黄帝陵在现代社会中的文化价值，探讨其是如何成为连接古今、沟通民族情感的纽带的。

（2）分析黄帝陵对于中华民族认同感和爱国主义教育的作用。结合黄帝陵的主题，引导学生探讨生命的起源、意义和价值。通过黄帝陵的象征意义，让学生思考个体生命与民族生命的关系。

九、主要参考文献

丁妮，丁宁. 黄帝陵历史地位新探[J]. 新楚文化，2024（3）：10-12.

霍彦儒. 黄帝祭祀的文化意蕴[J]. 华夏文化，2004（2）：11-12.

马文婧，刘彦霖. "黄帝陵祭祀与中国式现代化"黄帝文化学术论坛综述[J]. 华夏文化，2023（2）：61-64.

魏可欣，詹秦川. 场所精神视角下陵园景观设计研究——以陕西黄帝陵为例[J]. 美与时代（城市版），2021（7）：1-3.

张雁. 黄帝陵旅游资源的文化意蕴及价值[J]. 社会科学家，2019（5）：102-107.

第六章　艺术与生命探索：以泉州洛阳桥为例
——感悟工匠创新，领略建筑智慧

一、学习目标

- 了解福建泉州洛阳桥的建设历史背景。
- 了解福建泉州洛阳桥体现的人类智慧的积淀及其中蕴涵的文化传承意义。
- 了解建筑艺术与实用性的结合及其对生活的影响，感受建筑艺术对生命深度的思考和对美好生活的向往。
- 引导学生体会洛阳桥展示的生命伟力，激发对人生意义的思考。

二、背景资料

（一）洛阳桥的建设历史背景

洛阳桥位于福建省泉州市洛阳江入海口，属中国古代四大名桥之一，为国内历史上第一座跨海式石桥，被称为"海内第一桥"。据记载，由于洛阳江的地理位置特殊，桥梁修建难度大，无数匠人前赴后继、工程历经数年难以成功；直至北宋书法家蔡襄任泉州太守时主持修建，洛阳桥于1059年得以建成。洛阳桥现在桥长731m、宽4.5m，由花岗石砌筑，船形桥墩45座，北宋至今历经多次修缮仍保存较好。

洛阳桥又名万安桥，位于泉州城东13km处。北宋时，泉州港内帆樯林立，百舸争流，中外商贾熙来攘往，可位于泉州城东北20里处的交通要冲万安渡却"水阔五里，上接大溪，外即海也，每风潮交作，沉舟被溺而死者无数，数日不可渡"，商旅"往来畏其险"。没有安全通行保障的万安渡，已经成了泉州经济进一步发展的"绊脚石"。从宋庆历年间（1041—1048年）起，泉州的一些有识之士已开始在万安渡上筹建洛阳桥。庆历初，郡人李宠曾"甃石作浮桥"。皇祐五年（1053年），郡人卢锡、王实、僧义波等又"倡为石桥"，不过这几次修桥都无果而终。

"宋四家"之一的蔡襄第二次知泉州后，积极着手续建洛阳桥，终于在嘉祐四年（1059年）十二月建成该桥，历时6年8个月。洛阳桥在建桥技术上有许多重大成就，其中最重要的有三样，即"筏形基础"法、"种蛎固基"法和"浮运悬机架桥"法。洛阳桥建成后，"度实支海，去舟而徒，易危而安，民不莫利"，大大方便了行人交通往来，有力促进了南北经济的交流。

（二）洛阳桥的美丽传说

宋代的泉州是当时最重要的海港之一，也是海上丝绸之路的起点。彼时的泉州港商贾云集，是海外交通贸易的重要货物集散地，但是，"以东出海"均需经过湍湍江水的洛阳江万安渡口。尤其是每到春夏季节，雨水上涨，加上海水涨潮，搭渡翻船而葬身江中者难以计数。万安渡口的天堑钳制，无法适应日益增长的交通运输需求。

直至北宋皇祐五年，时任泉州知府蔡襄在渡口主持开建跨海大桥，当地商民集资白银1400万两，希冀实现"长虹卧波人争越，闽海四洲变通途"的愿望。作为宋代书法四大家之一的蔡襄，也挥毫撰碑文《万安桥记》，记录下这一历史性的时刻。"万安"的名字也成为"洛阳桥"的前身。

乡民后人感念蔡襄造桥，不仅为他在桥北不远建造蔡忠惠祠、高大塑像，更把他的丰功伟绩与洛阳桥相融，流传了不少有趣的民间故事。最广为人知的一则，便是《蔡夫人渡江》。

传说真武大帝得道成仙时，拔剑剖腹，将自己的肠肚抛落在洛阳江中，时间一久，这些肠肚变成了龟精蛇怪，不时在江上刮风起浪，危害过往船只和客人。有一日，一条渡船正在过江，龟蛇两怪突然浮出水面、兴风作浪，弄得就要舟毁人亡。正在这时，天上传来了喊声："蔡大人在船上，不得无礼！"龟蛇两怪听了，吓得赶紧钻入江底。不一会，江面风平浪静。船上的旅客很惊奇，互相问谁是"蔡大人"，但是全船没有一个姓蔡的，只有一位莆田县的受孕妇人，丈夫姓蔡。那妇人心里清楚，她未来的孩子一定不是简单的人物，就暗暗对天许愿："我这胎若能生下男孩，将来又能成器，一定要叫他在洛阳江上建造一座大桥。"

妇人回家后，果然生了个男孩，取名蔡襄，字君谟，号端。蔡襄从小聪明伶俐，爱读诗书。等到他长大懂事时，蔡母经常对他讲起当年过洛阳江落难和她许愿造桥的事，教育他要努力读书，将来才能成器，能建造洛阳桥。

（三）洛阳桥的建造技艺与文化贡献

（1）洛阳桥的建造不仅是一项工程壮举，更是智慧的结晶。其中最为人称道的，便是筏形基础的创举和种蛎固基法的巧妙运用。筏形基础，即在江底铺设石块，形成一道矮石堤，然后再在此基础上修建桥墩。这种设计有效地分散了水流的冲击力，减轻了浪涛对桥墩的冲击。而船形的桥墩设计，更是减少了水流对桥身的直接撞击，使其更加坚固耐用。

种蛎固基法则是利用牡蛎壳附着力强的特点，将桥基和桥墩牢固地胶结成一个整体。这种生物学应用于桥梁工程的方法，在世界造桥史上堪称一大创举。这些前所未有的建筑技术，不仅确保了洛阳桥的稳固，更为后世的桥梁建造提供了宝贵的经验。无论是对当时还是后世，洛阳桥都是一座真正意义上的技术丰碑。

（2）洛阳桥这座千年古桥不仅是一项工程奇迹，更是历史和艺术的珍贵遗产。它的存在不仅见证了泉州这座港口城市的繁荣与开放，也展示了宋代桥梁建筑艺术的独特风采。洛阳桥的建成，极大地促进了当地的经济社会发展。它不仅是连接两岸的交通要道，也是海上丝绸之路的重要一环，为泉州成为东方第一大港奠定了坚实的基础。文化上，洛阳桥的修建工艺和造型设计体现了宋代人民的智慧和艺术追求，成为后世研究古代建筑和文化的重要参照。

（3）洛阳桥的修建和维护也反映了当时社会对于工程质量的高度重视。记载表明，古人在建筑工艺上的严格要求和质量控制，使得洛阳桥能够历经千年风雨依然屹立。它的坚固不仅是建筑技艺的胜利，也是古人严格质量管理的见证。

三、教学内容

"站如东西塔，卧如洛阳桥"，泉州有句俗语："做人要站着像东西塔，躺着像洛阳桥"。只看字面意思，你或许认为这是一种外形上的比喻。但深入了解，你才会知道"一桥双塔"到底经历过什么，唐朝开元寺的东西双塔历经地震台风，依旧挺立如初；洛阳桥看尽水阔五里，遍历战火洗礼，还在为泉州百姓抵风御浪，让他们能放心地行走在上面。洛阳桥是泉州人的精神标杆，代代相传。

（一）工匠精神与创新精神

（1）精湛技艺与细致施工：洛阳桥全长731m，宽4.5m，有45座石墩，桥面左右翼以望柱、扶栏装饰，这些精细的构造无不体现出工匠们的精湛技艺。他们利用花岗岩等石材，通过精心设计和施工，确保桥梁的稳固与美观。

在地质条件极为复杂的情况下（上部1m是流泥层，下部是软塑状淤泥层，再往下才是稳定的沙包土），工匠们巧妙地采用"筏形基础"法，即往江底沿着桥梁中线抛填大石块，形成一条横跨江底的矮石堤作为桥墩基础，极大地提高了古桥基础的稳定性。这种基础形式至今仍被广泛应用。

洛阳桥的修建是官方主导、全民合力建造的典范。泉州太守蔡襄积极筹措资金，并与母亲卢氏带头捐资建桥，社会各界也纷纷响应支持。广大能工巧匠出谋献策、出钱出力，共同完成了这一浩大工程。桥梁建成后，蔡襄并没有居功自傲，而是把参加建桥者的姓名刻于碑上，自己的作用则轻描淡写地以"合乐"二字一笔带过。这种谦逊无私、实事求是的精神也是工匠精神的重要体现。

（2）技术创新与材料应用：洛阳桥在建造过程中采用了许多创新技术。其中最具代表性的是"种蛎固基"法，即利用牡蛎可以在岩礁间密集繁生的特性，在桥基上人工养殖牡蛎。牡蛎的附着起到了加固桥基的作用，增强了桥整体的稳定性。这种生物固基的方法在当时是前所未有的创新之举。洛阳桥还采用了船尖造型的桥墩设计，这种设计有利于缓解水流对桥身的冲击，提高了桥梁的耐久性。

（3）设计理念与功能拓展：洛阳桥的设计不仅考虑到了桥梁的基本通行功能，还兼顾了防洪、排涝等需求。其"筏形基础"法不仅提高了桥梁的稳定性，还增强了其抗洪能力。洛阳桥的建成极大地改善了泉州地区的交通状况，促进了当地的经济繁荣和文化交流。它不仅是交通要道上的重要节点，也是古代"海上丝绸之路"的重要通道之一。

泉州洛阳桥不仅是中国古代桥梁建筑的瑰宝，也是工匠精神与创新精神的集中体现。它以精湛的技艺、无私的奉献精神、创新的思维和卓越的功能设计赢得了后世的赞誉和敬仰。

> **参考案例**
>
> "蛟龙"号是中国首个大深度载人潜水器,有十几万个零部件,组装起来最大的难度就是密封性,精密度要求达到了"丝"级。而在中国载人潜水器的组装中,能实现这个精密度的只有钳工顾秋亮,也因为有着这样的绝活儿,顾秋亮被人称为"顾两丝"。几十年来,他埋头苦干、踏实钻研、挑战极限,毕生追求精益求精的信念,这种信念让他赢得潜航员托付生命的信任,也见证了中国从海洋大国向海洋强国的迈进。"两丝"钳工顾秋亮的事迹,体现了大国工匠脚踏实地、勤勤恳恳、兢兢业业、尽职尽责、精益求精的崇高精神品质。

(二)古代"海上丝绸之路"的繁荣盛景

泉州与海上丝绸之路的关系深厚且复杂,它不仅是古代海上丝绸之路的重要起点和繁荣的商贸中心,更是东西方文化交流的重要桥梁。在这座城市的历史长河中,洛阳桥的建设如同一颗璀璨的明珠,发挥了不可磨灭的重要作用。洛阳桥是泉州北上福州乃至内陆腹地的交通枢纽,与安平桥、顺济桥等共同连通了便捷的沿海交通干线。它的建成极大地改善了泉州地区的交通状况,使得泉州与内陆及沿海其他地区的联系更加紧密。

洛阳桥为"海上丝绸之路"的贸易船只提供了便捷的登陆点和转运站,促进了泉州与海外国家的商贸往来和文化交流。洛阳桥的建成方便了陆海联运,极大地扩展了古泉州港的北向腹地,使得泉州与福州、江浙一带直至全国的商贸活动得以顺利展开。这极大地推动了泉州商业的繁荣,提升了泉州的经济地位。

海上贸易的繁荣也带动了泉州地区相关产业的发展,如造船业、航海业、手工业等,为当地民众提供了更多的就业机会和收入来源,不仅促进了商品的流通,而且加速了文化的交流与融合。随着泉州经济的繁荣,越来越多的文人墨客来到这里交流学术、传播文化,使得泉州成了一个文化繁荣的城市。

> **参考案例**
>
> 陆上丝绸之路,是一条起始于古代中国政治、经济、文化中心——长安(现陕西省西安市),横贯欧亚大陆,通过河西走廊,到达中亚地区,然后通往西亚和欧洲的商业贸易路线。这条路线形成于公元前2世纪与1世纪间,直至16世纪仍保留使用,是东西方经济、政治、文化交流的主要道路。汉武帝时期,张骞两次出使西域,开通了这条道路,使得中原与西域乃至更远的欧洲之间的联系得以加强。古代陆上丝绸之路的开辟,不仅体现了中国古代人民勇于探索、开拓进取的精神,更积淀了以"和平合作、开放包容、互学互鉴、互利共赢"为核心的丝路精神。这种精神是人类文明的宝贵遗产,它跨越时空,成为连接不同国家、不同民族、不同文化的精神纽带。

在当今时代,共建"一带一路"倡议正是对古代陆上丝绸之路精神的继承与发扬。它顺应了和平、发展、合作、共赢的时代潮流,旨在加强共建国家互联互通,促进经济繁荣与区域合作,推动构建人类命运共同体。这一倡议不仅为各国带来了实实在在的利益,更让古老的丝路精神焕发出新的时代光芒。

（三）洛阳桥下的红树林与生态建设传承

洛阳桥横跨洛阳江入海口，原名"万安桥"，是中国古代"四大名桥"之一。由北宋泉州太守蔡襄主持修建，是我国现存最早的跨海梁式大石桥，是世界桥梁筏形基础的开端，为全国重点文物保护单位。洛阳桥下的 7000 亩红树林是泉州湾河口湿地的 3 个核心区之一。

泉州湾河口湿地是亚热带河口湿地的典型代表，由于特殊的地理气候和丰富的水生生物资源、鸟类资源和人文景观，素有"城市之肾"的美誉。泉州湾河口湿地先后被列入"亚洲重要湿地""中国优先保护生态系统""中国重要湿地"名录。

2003 年 9 月，泉州湾河口湿地省级自然保护区建立，主要保护对象有湿地、红树林、珍稀鸟类、中华白海豚、中华鲟等，包含洛阳红树林、桃花山海滨水禽和枪城河口湿地生态 3 个核心区，总面积 7008.84hm^2。

洛阳红树林滩涂湿地是泉州湾河口湿地省级自然保护区的重要组成部分，保护区内拥有成片的原生红树林。红树林有"海上森林""海岸卫士"的美称，是热带、亚热带海岸滩涂特有的植物群落，是最重要的湿地资源，具有维护生物多样性、防风护岸、降解污染物、净化水质、提供海产品等重要功能，已成为科研宣教的重要阵地。

目前，泉州湾洛阳江河口红树林是全省乃至全国现存面积最大的连片乡土树种人工红树林，已形成洛阳桥与红树林完美结合的独特的湿地文化景观，极大地改善了生态环境，维护了生态平衡，促进了经济社会的可持续发展。

> **参考案例**
>
> 内蒙古自治区锡林浩特市位于首都北京正北方，是距离京津地区最近的草原牧区，全市草原面积 1.40×10^{6}hm^2，2009 年划定基本草原 1.37×10^{6}hm^2，以温性典型草原为主。2019 年，国家林业和草原局启动实施了退化草原人工种草生态修复试点项目，以锡林浩特市作为典型草原试点地区。通过治理修复，退化放牧场植被盖度增加到 40%～60%，干草产量提高 50%以上；退化打草场植被盖度提高 15%～20%，干草产量平均提高 20%～40%，草群中多年生优良牧草比例增加，土壤有机质增加 10%以上；严重沙化草地植被盖度达到 40%～50%，风蚀得以控制，周边环境明显好转。从这个事例，人们可以深刻感悟生命与自然之间紧密相连、和谐共生的关系，以及对生命力顽强与恢复之美的赞叹。

四、教学重点与难点

（一）教学重点

（1）强化历史文化背景介绍：为了帮助学生更好地理解洛阳桥精神，教师应加强对其历史文化背景的介绍。通过讲述洛阳桥的历史变迁、建造过程及相关的历史故事和传说，引导学生将其置于更广阔的历史视野中进行思考。

（2）深入剖析精神内涵：在教学过程中，教师应引导学生深入剖析洛阳桥精神的具体内涵，如坚韧不拔、勇于创新、家国情怀等。通过举例说明、对比分析等方式，使学生深刻理解这些精神品质的内涵和价值。

（3）加强实践体验环节：为了增强学生对洛阳桥精神的感悟，教师应积极探索和实践多种教学方式，如利用多媒体资源展示洛阳桥的风貌、组织学生开展模拟建造活动等。这些实践体验环节不仅可以激发学生的学习兴趣和热情，还可以帮助他们将理论知识转化为实践能力。

（二）教学难点

1. 学生的困惑与误区

（1）历史文化认知不足：部分学生由于缺乏对古代历史文化的深入了解，难以将洛阳桥置于其特定的历史背景中进行思考。他们可能仅仅将洛阳桥视为一座古老的桥梁，而忽视了其背后所蕴含的丰富文化内涵和民族精神。

（2）精神内涵理解浅显：在探讨洛阳桥精神时，学生往往容易停留在表面的文字描述上，难以深入体会其背后的坚韧不拔、勇于创新等精神品质。他们可能将这些精神品质视为抽象的概念，而未能将其与现实生活相联系，从而产生共鸣。

（3）学习动机不明确：部分学生可能认为这类课程与他们的现实生活或未来职业规划关系不大，因此缺乏学习的积极性和主动性。他们可能将这类课程视为"副课"，未能给予足够的重视。

2. 教学过程的引导误区

（1）忽视学生主体性：在引导学生感悟洛阳桥精神时，教师往往倾向于单向传授知识，而忽视了学生的主体性和参与性。学生可能只是被动地接受信息，而未能积极参与思考和讨论，从而影响了学习效果。

（2）学生容易将名胜古迹的情景教学当作景区游览，缺乏对其内涵精神的挖掘学习。

五、教学设计

（一）导入新课（5min）

（1）故事引入：教师以一段引人入胜的关于洛阳桥的传说或历史故事开场，激发学生兴趣。

（2）问题导入：提出几个与洛阳桥相关的问题，如"你知道洛阳桥为什么叫这个名字吗？""它有哪些独特的建筑技术？"以此引导学生思考并引发好奇心。

（二）讲授新课（40min）

（1）历史传承与文化遗产：简述洛阳桥的历史背景，强调其在文化遗产中的重要性。展示洛阳桥的图片或视频资料，让学生直观感受其风貌。

（2）工程技术与创新精神：详细介绍洛阳桥的工程技术特点，如筏形基础、种蛎固基法等。分析这些技术背后的创新精神和古代工匠的智慧。

（3）艺术与审美：引导学生欣赏洛阳桥上的雕塑和石刻，讲解其艺术特色。简要介绍中国传统水墨画，为后续创作活动做铺垫。

（4）生态环境建设的传承：从洛阳桥的建设智慧和生态理念入手，联系现在洛阳桥周围"红树林"湿地建设，感受我国从古至今尊重自然、顺应自然、保护自然的理念。

（三）课堂互动（15min）

（1）小组讨论：将学生分成小组，每组选择一个主题（如工程技术、艺术审美、生态工程等）进行深入探讨，并准备简短汇报。

（2）汇报分享：各小组轮流上台汇报，其他同学提问和点评，促进思想碰撞和知识共享。

（四）实地考察（30min）

（1）现场导览：若条件允许，组织学生前往洛阳桥进行实地考察。由专业讲解员或教师带领，现场讲解洛阳桥的历史、文化和工程技术。

（2）观察体验：鼓励学生仔细观察桥梁结构、雕塑石刻等细节，感受其艺术魅力和文化底蕴。

（3）保护行动：组织学生参与简单的文化遗产保护行动，如清理周边垃圾、宣传保护知识等。

注：若无法安排实地考察，可改为观看高清视频资料或进行 VR 体验。

（五）布置作业（5min）

（1）对本节课的教学内容进行总结，布置书面作业：撰写一篇关于洛阳桥精神教育的短文，要求结合课堂所学内容和个人感悟，字数不少于 300 字。

（2）创意作业（选做）：选择一项与洛阳桥相关的创作任务，如绘制一幅水墨画、编写一首短诗或设计一份文化遗产保护宣传海报等。

六、思考与练习

（1）结合你的专业和中长期规划，思考从洛阳桥的建设中可以汲取哪些经验和精神力量。

（2）用自己的话简述洛阳桥的一种独特建筑技术或艺术特色。

（3）假设你是一名现代工程师，请设计一种创新的桥梁建造方案，要求体现环保、节能和美观的理念。

（4）尝试撰写一篇学习反思日记，记录自己对洛阳桥精神教育的理解和感受，以及本节课对自己学习方法和思维方式的影响。

七、拓展阅读

（一）多媒体资源

洛阳桥 AR 智慧旅游。

（二）图书资源

（1）黄明哲. 洛阳桥传奇[M]. 福州：海峡文艺出版社，2012.
（2）泉州市文物保护管理所. 洛阳桥石刻[M]. 福州：海峡书局，2016.
（3）陈瑞统. 洛阳桥古今诗词选[M]. 呼和浩特：远方出版社，1999.

八、教师札记

洛阳桥，这座横跨江面的古老建筑，不仅仅是一座桥，更是连接过去与现在、物质与精神的一座桥梁。洛阳桥不仅是一座物理上的桥梁，更是一座心灵的桥梁，它让我们与古人对话，感受那份跨越时空的共鸣。洛阳桥所蕴含的精神，是一种勇于创新、敢于挑战的精神，是一种不畏艰难、坚持不懈的毅力，更是一种对家国情怀的深深眷恋。洛阳桥背后的红色故事能引发学生思考：作为新时代的青年，应该如何继承和发扬这种精神，为国家的繁荣富强贡献自己的力量。

在这个快节奏的时代，我们往往容易忽视那些沉淀在历史长河中的宝贵财富。而洛阳桥，作为一座活生生的历史见证者，它提醒我们要珍惜并传承这些文化遗产。

感悟洛阳桥的生命精神伟力，不仅是一次知识的探索之旅，更是一次心灵的洗礼和精神的启迪。它让我更加坚信，教育的力量在于点燃学生内心的火焰，引导他们走向更加宽广的人生道路。在未来的日子里，我将继续以满腔的热情和不懈的努力，为学生们搭建更多这样的心灵桥梁，让他们在文化的海洋中自由翱翔，成长为社会的栋梁之才。

九、主要参考文献

代秀珍. 泉州洛阳桥[J]. 上海集邮，1997（5）：2.

丁玲玲，刘湘瑜. 泉州洛阳桥传说的文化内涵[C]//世遗土楼海丝文化高峰论坛暨福建省闽南文化研究会 2020 年学术年会论文集，2020：90-93.

郭延杰. 泉州洛阳桥[J]. 文史杂志，2008（1）：3.

邱俊霖. 洛阳桥：中国最早的跨海大桥[J]. 黄河. 黄土. 黄种人，2022（16）：26-27.

邱俊霖. 中国古代的跨海大桥[J]. 中学政史地（初中适用），2022（1）：67-69.

吴齐正. 海上丝绸之路起点标志性建筑——泉州洛阳桥[C]//第七届中国古桥研究与保护学术研讨会，2017.

吴艺娟. 两宋时期泉州地区的造桥技术[J]. 福建文博，2016（1）：4.

余海涛. 泉州洛阳桥刍论[J]. 佳木斯大学社会科学学报，2019，37（2）：5.

第七章 生命与艺术美学：以插花学习为例

一、学习目标

● 通过插花艺术的学习，让学生认识到生命之美不仅体现在生物体的生存与繁衍中，更蕴含于自然界万物生长、变化、凋零的循环过程。

● 通过分析不同风格的插花作品，引导学生学会从色彩、形态、意境等多角度欣赏艺术，提升个人的审美鉴赏能力和艺术修养。

● 通过学习，让学生更加亲近自然，感受自然界的生命力与和谐之美，理解艺术与自然之间相互依存、相互促进的关系，从而培养尊重自然、热爱生命的态度。

二、背景资料

插花就是把切花插入含有水或花泥的花瓶、水盆等容器中，并运用切花艺术技巧，按照作品主题和环境布置的要求，巧妙地进行立意构思，把选定的花材进行艺术加工（修、截、弯、接、造型等），并选择适宜的容器、几架、摆件，经过精心插作和陈设等艺术创造过程而产生的精美的花卉艺术品。它对烘托和渲染环境气氛有着特殊的作用。插花因其无与伦比的装饰性、观赏性与随意性，所表达的丰富多彩的文化内涵，以及创作时所融入的艺术创造性而显示出独特的魅力。

现代插花有广义和狭义之分。狭义的插花，是用有生命的植物素材切花和切叶创作的饰品。广义的插花，还包括用无生命的植物素材如干花，或非植物素材如人造仿真花创作的饰品及它们的结合，以及有时加入其他材料如金属、玻璃、石材、有机物、织物等的插花作品。

插花艺术是将大自然的植物与当代的新型材料通过修剪、编制等艺术手法创造出的艺术品。通过对花材的整理、构思，创造出一种独特的艺术语言，或用于空间装饰，或用于商业宣传，或传递情感。创造形式多样，表现手法多样，情感表达多样，可以与容器完美结合组织语言，也可以脱离容器，创造新的表达方式。但无论以何种形式创作，都是赋予花一种独特的语言，让花变得更赏心悦目，供观赏者在空间中欣赏、解读、沉思。插花艺术不仅是自然之物美与人造手法美的结合，更是技术与艺术的结合，物质和精神的融合。它以高雅的艺术魅力营造赏心悦目的氛围，满足人们对于美的追求，丰人们的精神生活。

当今世界插花流派众多，总体上可分为两种，一种是以中国、日本等国为代表的东方式插花，另一种是以欧美为代表的西方式插花。

（一）东方式插花

中国插花艺术源远流长、博大精深，是中国传统文化中最优美的古典艺术之一，其发展历程可分为以下几个阶段。

1. 原始萌芽阶段——先秦时期 周初至春秋中期，民间已有广义的原始插花形式出现。《诗经·郑风·溱洧》有"维士与女，伊其相谑，赠之以勺药（芍药）"的记载。摘下的花枝古称折枝花，相当于现在的切花。屈原的《离骚》中有"纫秋兰以为佩"的记述，说明当时有采摘香花佩戴在身上的时尚。折枝花和佩戴香花从广义上讲，这是插花艺术中花束和人体佩戴花的初级形式。虽然这些表现形式无艺术造型，无章法和技巧，但是极具实用性和浪漫情趣，以花传情，借花抒怀，将自然美与人文之美（品德、思想）融为一体，不仅体现了"天人合一"的自然观，而且也充满了浪漫神奇的文化内涵，这为以后中国传统插花艺术独特风格的形成奠定了坚实的基础。

2. 初级发展阶段——汉、魏及南北朝时期 汉代出现了插花形式的"滥觞"，也就是未成熟的插花艺术。在河北望都东汉墓道壁画中，绘有一陶质圆盆，盆内均匀地插着6支小红花，甚似折枝花插在陶盆中，圆盆置于方形几架之上，形成花材、容器、几架三位一体的形象，这应该是中国插花艺术产生的初期形式。

三国至南北朝时期，各地广建佛教寺院，佛事活动日渐兴旺，佛前供花及佛教教义的影响促进了我国插花的发展。当时佛前供花以荷花和柳枝为主要花材，不追求插花的艺术造型。北周时期的观音像（现存英国维多利亚博物馆），手持一瓶花，枝叶与容器比例协调，这是有关插花形象的最早标本。这时以贮水容器插贮切花已有明确的文字记录。《南史·晋安王·子懋传》记载，萧子懋为其母求平安，献花供佛，众僧将所献的莲花插于"铜罂"之中，以水浸其根，使花不萎衰。《南齐书》记载："沙门于殿前诵经，武帝为感，梦见优昙钵华于经案。宣旨使御府为铜花，插御床四角。"以铜为花，无萎谢之忧；插于床边，象征对佛教之信奉。

3. 兴盛发展阶段——隋、唐、五代时期 隋唐时期是我国插花艺术发展史上的兴旺时期，其间，插花有了很大的发展，从佛前供花扩展到宫廷和民间，此时插花成为一门艺术并得到广泛普及。佛前供花有瓶供和盘花两种形式，仍以荷花和牡丹为主，构图简洁，色彩素雅，注重庄重和对称的错落造型。宫廷和民间插花多以牡丹为主，花材搭配较为考究，常以花材品格高下以定取舍。对插花放置的场所、剪截工具、供养的水质、几架及挂画都有严格的规定，并咏诗、作歌、谱曲，再饮以香醇的美酒方能尽兴，进行视觉、听觉、味觉多层次的艺术欣赏。此时有《春盘赋》《花九锡》等插花著作出现，并开创了大型专题插花展览会，如宋代陶谷《清异录》所言，"李后主每春盛时，梁栋窗壁，柱拱阶砌，并作隔筒，密插杂花，榜曰'锦洞天'。"并且人们发明了最早固定花材的容器（花插）——占景盘。总之，这时的插花追求自然情趣，朴实而又不失洒脱。此后，随着文化艺术和宗教交流，中国插花艺术传到日本，对日本花道的形成和发展起着极其重要的作用。

4. 全盛阶段——宋朝时期　　宋朝经济繁荣，文化艺术迅速发展，插花艺术发展到极盛时期，成就辉煌。举国上下插花之风已然盛行，遍及宫廷、官府、寺庙、道观及茶楼、酒馆、游船等。插花艺术形式多样、技艺精湛、意境深邃，成为"生活四艺"之一。这时插花艺术深受客观唯心主义的理学体系影响，不只追求怡情娱乐，还特别注重构思的理性意念，以表现作者的理性意趣或人生哲理、品德节操等。花材也选用有深度寓意的松、柏、竹、梅、兰、桂、山茶、水仙等上品花木。不像唐朝那样讲究富丽堂皇的形式与排场，而以花材抒写理性为主，注重花品花德及寓意人伦教化的表现，内涵重于形式，构图上追求线条美，突出"清""疏"，形成清丽疏朗而自然的风格，对后世有较大影响。宋代篮花注重保持花材本身的自然美，富有蓬勃的生命力和韵律感。如南宋李嵩的花篮图，花篮造型精致美观，有优美的花纹，牡丹、萱草、蜀葵、石榴等半开或盛开，色彩鲜丽、错落有致、姿态飘逸、生机勃勃。另一花篮图，以水仙、山茶、菊花、桂花、茉莉为花材，火红的山茶娇艳夺目，衬以素雅的白黄二色的水仙、茉莉、桂花、菊花等，丰满隆盛，高下俯仰，为古典篮花的佳作。

5. 缓慢发展阶段——元代　　元代社会动荡，文化艺术不振，插花艺术发展缓慢并收缩，陷入低谷，仅在宫廷和文士中较多流行，一般平民百姓少有此闲情逸致。宫廷插花继承宋代风格以瓶花为主；而文士插花因避世思想滋长及受文人画的影响，逐渐摆脱理学思想，常用花材的寓意和谐音表现插花的主题，没有固定的造型形式，借花明志和消愁，表现出随意挥洒、无拘无束、轻巧秀丽、潇洒飘逸的风格，史称自由花。元代钱选绘吊篮式插花，吊篮上放两个瓷罐，分装银桂和金桂花，上置一支桂花枝，枝三折似如意状，造型简洁，轻盈欢快。还有元朝《天中佳景图》中端午节供花，是典型的民间应节插花作品，蕴涵作者强烈的情感，色彩缤纷，赏心悦目。

6. 成熟完善阶段——明至清朝中叶　　明代是插花艺术复兴、繁荣、昌盛和成熟时期，在技艺上、理论上都形成了完备的系统的体系。作品多基于对自然美的追求和作者思想情趣的展现，内容重于形式，有浓厚的理性意念，与宋代极为相似。作品讲究清、疏、淡、远，不注重排场形式和富丽堂皇。人们以花为友，以花喻人，使之人格化，提出松、竹、梅为"岁寒三友"，莲、菊、兰为"风月三昆"，梅、兰、竹、菊为"四君子"，梅、蜡梅、水仙、山茶为"雪中四友"等，这种寓意仍为今天赏花者所接受。

明代晚期插花理论日臻成熟，有许多有关插花艺术的专著问世。其中以袁宏道的《瓶史》影响最大，书中对构图、采花、保养、品第、花器、配置、环境、修养、欣赏、花性等诸多方面，在理论上和技术上作了系统全面的论述，是我国插花史上评价最高的一部插花专著。其他著作还有张谦德的《瓶花谱》，高濂的《瓶花三说》，屠东竣的《瓶花月谱》《瓶史月表》，屠隆的《考磐涂事》《仙斋清供签》，何仙郎的《花案》等。

7. 衰微阶段——清朝中期以后　　清朝嘉庆以后中国国势衰弱，战乱频仍，花事和插花渐趋萧条，这种情势大体上延续了140来年。但少数爱花文士学者时而玩赏研究，在插花技巧上有诸多创造与革新。较突出的为瓶花固定法的"撒"的发明、盘花固定器——剑山雏形的发明及提出"起把宜紧，瓶口宜清"的插花法则。这些都对中国传统插花技术革新进步与理论的完善做出重要贡献。

8. 复苏阶段——20 世纪 80 年代以后　20 世纪 80 年代以后，随着改革开放的发展，国内插花在沉滞百余年之后如枯木逢春一般快速复苏、茁壮成长。中央和地方的插花机构相继成立，全国各地专业花店 2 万余家，各类插花培训班和学校数百个。插花大赛、展览表演等活动列入国家级花事展会中，插花被首次列入国家的职业工种之内，公布了《国家职业技能标准　插花花艺师（2022 年版）》，出版了全国插花员职业培训教材。

时至今日，我国的插花花艺在手法和技术上吸收借鉴了其他的元素，表现出了新特点，其风格和手法都有了较大的突破，表现出百家争鸣的发展局面，各类前卫式、抽象式、自由式的插花花艺手法相继出现，迎合了当代人的审美意趣和思想观念。另外，现代插花花艺也开始朝着实用性、商品性的方向发展。在下一阶段，中国式插花花艺需要走"古为今用，洋为中用"的发展路线，既要继承古代插花花艺手法的精髓，又要积极借鉴西方插花艺术的手法，结合中西方的思想理念，走出特色化的插花花艺发展道路。

（二）西方式插花

西方式插花源自古埃及。早在公元前 3000 多年前，由于尼罗河每年泛滥，古埃及最早发明几何学，于是也把几何学广泛应用于艺术设计中。古埃及文明渐渐传至欧洲各国，对西欧的建筑和艺术风格影响极深，而传统西方插花正是以各种几何图形为主的大堆头形式，均衡对称。

1. 初兴时期　古埃及是西方插花艺术的起源地，早期形式为简单的瓶插及花环等。约公元前 2000 年，关于瓶花睡莲的壁画被发现于古埃及法老贝尼哈桑的墓壁上，后来古埃及人将睡莲插于瓶内当作礼品、装饰品和丧葬品，先后传播至世界各地并得以发展。

2. 宗教束缚期　公元初期到中世纪，西方各国先后进入封建社会，各国的文化艺术都为封建教会所垄断，是文化艺术的低潮时期。封建神学统治了人们的思想，一切文化艺术形式都表现出深厚的宗教色彩。插花也不例外，多以宗教为主题，连花材也赋予了宗教的含义，如百合、鸢尾、雪钟花象征圣母玛利亚；耧斗菜象征圣灵；粉色石竹象征神的爱等。当时插花构图简单，仅是把一种或数种应时的自然花枝，混合插入容器中，还没有考虑到造型和色彩的搭配。但是插花的容器种类繁多，有贵重的金、银质花瓶，也有陶器、玻璃容器；还有的使用生活用器具，如壶、罐、碗、碟、酒杯和盘等插花。这些为插花艺术的普及和发展提供了充分的物质条件，起到积极的推动作用。封建宗教束缚了人们的智慧和创造力，但是扼杀不了人们热爱自然、热爱生活的本性。即使在动乱的年代，意大利、英国的一般家庭中，也多建起小花园，种植许多带香味的花卉和其他观赏植物，如香石竹、紫罗兰、蔷薇、桂竹香、香豌豆等。这些花卉用来插花，既美丽又芳香，不仅可以美化环境，还能净化空气、防止瘟疫，有的还可以用作调料。从此，选用有香味的花卉作为插花的花材就成为英国等国家插花的传统习惯。

3. 自由发展期　14～16 世纪为欧洲的文艺复兴时期，插花艺术在这一时期也随之活跃起来。选择各种花材及容器、进行色彩造型的设计、用各色花材均匀地插满容器的插法、花束做大等做法渐渐流行起来，初步形成了西方大堆头式风格，以简单造型、鲜艳色彩、丰满花朵、直立形态为特色。现代礼仪场所用的塔型、三角型、半球型、椭圆型、扇面型等都属于此类。

巴洛克式艺术风格于16世纪末从罗马发端，于17～18世纪初盛行于欧洲。这种艺术风格富于动感、不规则、不注重实用性，同时注重表现贵族的尊严，具有色彩艳丽、摒弃古典形式、注重空间感等特点。

4. 兴盛期　17～18世纪期间，航海业的发展促使欧洲资本主义快速发展，战争扩张、经济贸易、文化传播等带来大量的异国花卉和文化，从而促进了西方插花事业的发展。此时插花艺术的特点：花型大、容器大、形式多、花材多、色彩丰富。配合富丽堂皇的建筑形成了传统的几何图案式造型，既强调造型的匀称、丰满、对称、规则，又注重表现枝叶的线条美。S型、L型、倒T型、弯月型等花型产生于这一时期。

5. 鼎盛期　19～20世纪，西方插花艺术吸收了东方插花艺术的特点，形成了能体现不对称美和线条美的造型。早期现代花艺开始逐渐形成，如在大堆头造型中插入线条材料，增加作品的趣味性。

6. 创新进展期　20世纪后，东西方插花交流频繁，原来的花型更加完善，并结合商业化的需求开发了许多新的现代插花技法和方法。形式上既有传统的大堆头式插花，又有现代的大堆头式插花，但更多的是具有强烈时代气息的自由式、组合式、抽象式插花。首先，随着西方现代式插花的兴起，花材应用得更加广泛，常选用一些非植物的材料，如尼龙丝、金属网、铝、铜、铁、塑料、砖、石等，和鲜花一起构成插花作品，更富于表现力与装饰性。其次，另一个重大的新进展是架构式和非架构式现代花艺设计的兴起。最后，插花向商业化发展，室外大型花艺、舞台花卉装饰和大型橱窗花艺等甚为流行。

三、教学内容

插花艺术按使用目的不同可分为礼仪插花和艺术插花。其中，礼仪插花主要目的是增进友谊，表达尊敬、喜庆、祝愿、慰问及烘托气氛。本次教学内容以礼仪插花中的花束为例（图7-1）。

图7-1　礼仪插花中的花束　　　彩图

（一）花束的概念

花束是用花材插制、绑扎而成，具有一定造型，是束把状的一种插花形式。花束制作不需任何容器，只需用包装纸、彩带等加以装饰，因其插作简便、快速、携带方便，已经成为最受欢迎的礼仪插花之一。花束应用广泛，通常出现在迎接宾客、探亲访友、探望患者、婚丧嫁娶等各类社交活动中。

（二）花束的类型

1. 礼仪花束 主要用于迎接宾客、探亲访友、探望患者和庆贺活动中。其造型包括单面观赏花束和四面观赏花束。

（1）单面观赏花束：只有1个观赏方向，常见花型有扇面型、三角型等。

1）扇面型：花由中心点呈放射状向四面延伸，单面摆放成扇子形状，可以更多地将花材从单面全部表现出来，便于所有人欣赏，一般应用在接机、喜庆典礼、葬礼等大众场合。

2）三角型：花束制作成近似三角形的形状，可单手持握，也可放于台面上。

（2）四面观赏花束：有多个观赏方向，常见花型有圆锥型、半球型、火炬型。

1）圆锥型：花材摆放成圆锥形，中间高，四周低，是最为广泛的花束形式，几乎适用于任何场合，利用不同花材可以用来表达不同意思。

2）半球型：采用螺旋式的固定法，花材摆放成半球形，此种花束花头较大，比较能突出花色。

3）火炬型：花材摆放成火炬形，中间花材较突出，此种花束的设计比较实用，是慰问、平时送花、节日送花、家庭送花的很好选择。

2. 新娘花束 新娘花束也称新娘捧花，专为新娘结婚时与穿婚纱礼服相配的一种花束，一般用花托进行固定。主要造型有半球型、瀑布型、月牙型、水滴型、球型、自然型和环型。目前，婚礼上常用半球型和瀑布型。

3. 造型花束 造型花束是根据需要或者为了最大程度地表现某一种花材的特点而量身定做的花束，花材选用要求更精致奇特，比较能突出创作者的风格。

（三）花束的制作步骤

（1）准备材料和工具：不同类型的花材和叶材、花泥、花筒、玻璃纸、清水、剪刀、美工刀、透明胶带、包装纸、白棉纸、丝带等。

（2）制作底托：将浸湿的花泥用玻璃纸包起来，用胶带将其与花筒进行组合。

（3）排列花材：将花材和叶材进行适当修剪，从主花开始，依次将不同的花材和叶材插入花泥中，将它们交错排列，以增加层次感。花材选择从主题花材、线条花材和点缀填充花材三方面去考虑。

（4）裁剪包装纸：对包装纸及白棉纸进行折叠和剪切。

（5）包装花束：用折叠好的包装纸将花束用胶带包裹起来，最后用丝带绑扎一个漂亮的蝴蝶结即可。

(6) 花束保养：制作好后，将花束放在避光处，避免阳光直射，可以适当喷点水，以确保花束的色泽和保质期。

四、教学重点与难点

（一）教学重点

(1) 了解花束的基本理论知识。
(2) 掌握花束制作步骤。
(3) 能够独立制作一捧花束。

（二）教学难点

(1) 花材和叶材的选择：花材和叶材的种类繁多，多样化的类型容易让学生难以抉择，抓不住材料自身的特点。
(2) 花材的修剪：制作花束过程中，需要对花材进行修剪，修剪的长短及叶子的多少都会对最终的效果造成影响。例如，为了固定花材，有时候就需要多留一些叶子作为缓冲；有的花材容易脱水萎蔫，就需要多去掉一些叶子。这往往需要长时间的实践经验积累，因此学生在初次尝试制作时可能会有些犹豫和困惑。
(3) 包装纸的折叠和绑扎：制作花束需要使用多张不同的包装纸，并且它们的折叠方法也各不相同。在包裹花束时，放置的位置和胶带的缠绕位置都需要特别注意，这可能会让学生感到手忙脚乱。

五、教学设计

（一）导入新课（5min）

引导同学们思考日常生活中什么情况下会使用花束，并通过PPT展示一些关于花束的精美图片，引起同学们对制作花束的兴趣，引出此次教学目的——制作花束。

（二）讲授新课（40min）

(1) 介绍花束基本理论知识。
(2) 通过观看提前录制好的视频介绍花束制作的步骤。
(3) 对此次教学准备的花材、叶材及工具进行介绍。
(4) 现场演示制作一个完整的作品，并讲解每个步骤的操作要点及注意事项。

（三）实践体验（45min）

将学生分为几个小组，每个小组根据所提供的花材和工具进行花束的制作。在此过程中，老师可以提供一些简单的花束样式供学生参考，同时鼓励学生发挥创造力，设计独特的作品。

（四）相互评选（30min）

将小组制作的花束摆放在一起，进行展示。学生可以互相欣赏、交流，分享制作心得，讲解花束背后的故事及设计理念。对制作的花束进行投票评选，评选出优秀作品。

（五）总结（5min）

对此次教学内容进行总结，对学生的表现进行评价和鼓励，激发学生的学习热情和积极性，最后完成对课后练习思考题目的探讨。

六、思考与练习

（1）生命如何成为艺术创作的灵感源泉？艺术家如何通过作品表达对生命的感悟和体验？

（2）若以插花艺术为例，艺术如何以独特的方式展现生命的多样性、复杂性和动态变化？

（3）你觉得艺术美学是如何影响人们对生命的认知和理解，又是如何提升人们的生命质量和精神境界的呢？

（4）生命与艺术美学在哪些方面存在共通之处？如何相互渗透、相互影响？

七、拓展阅读

（一）多媒体资源

（1）"花艺设计"（华侨大学慕课）。
（2）《现代花束包装教学》（哔哩哔哩系列视频）。

（二）图书资源

（1）李草木. 中式插花艺术[M]. 北京：化学工业出版社，2017.
（2）王莲英，秦魁杰. 中国传统插花艺术[M]. 北京：中国林业出版社，2000.
（3）JoJo. 带束花去见想见的人[M]. 北京：中国林业出版社，2017.
（4）橘口学. 花束设计与制作[M]. 北京：化学工业出版社，2015.

八、教师札记

本节课旨在通过插花这一具体而富有创造性的艺术形式，引导学生深入理解生命之美、自然之韵与艺术表达的内在联系，培养学生的审美能力、创造力及生活情趣。促进学生全面发展，实现个人价值与社会价值的和谐统一。

重难点在于如何让学生深入理解生命美学的核心概念，如生命力、生命感、生命体验等，思考这些概念在艺术创作中的体现，并分析艺术形式（如绘画、雕塑、音乐、舞蹈等）如何以各自独特的方式呈现生命之美。教师可以选择更多具有代表性的艺术作品，让学生分析这些作品如何体现生命美学的理念，围绕"生命与艺术美学的关系"等主题进行深入讨论，探讨艺术作品是如何激发人们的生命意识的，从而引导学生更加珍惜和热爱生命。

通过以上思考与练习，学生可以更加深入地理解生命与艺术美学的关系，提升自己的审美能力和创造力，同时也能够更加珍惜和热爱生命。

九、主要参考文献

侯江涛，王杰，王真真. 花束色彩的设计[J]. 现代农业科技，2012（2）：189-191.

姜虹. 新时代背景下中国式插花花艺手法技术新特点[J]. 现代园艺，2023，46（20）：131-133.

李昌贤，章志红. 新中式插花艺术特点探析[J]. 绿色科技，2020（5）：65-66，69.

苏彩霞，李惠芝，白秀文，等. 浅谈礼仪插花在兴安盟的发展状况与前景展望[J]. 黑龙江农业科学，2013（9）：142-144.

王娜. 中国古代插花技艺研究[D]. 杨凌：西北农林科技大学，2007.

王立如. 现代花艺在婚礼中的装饰设计应用[D]. 北京：北京林业大学，2022.

王莲英. 中国插花艺术发展简史[J]. 中国园林，2006（11）：44-48.

王少蓉，姚冬梅. 西方式插花艺术[J]. 现代园艺，2011（1）：21-22.

卫聪聪. 东西方插花艺术风格的比较研究[J]. 中国园艺文摘，2016，32（10）：143-144.

朱迎迎. 中外插花艺术比较研究[D]. 南京：南京林业大学，2008.

第八章 生命与物种繁衍：以油菜杂交授粉体验为例

一、学习目标

● 通过了解以油菜为例的物种繁衍，加深学生对生命多样性和复杂性的认识，培养尊重生命、热爱自然的情感，让学生感悟生命循环的自然规律。

● 通过亲身体验植物杂交授粉的过程，激发学生对生命科学的好奇心和探索欲，学生将体验到生命之间相互依存和互动的奇妙过程，同时释放内心的压力，达到心灵的放松和自由。

● 通过与自然和植物的亲密接触，认识到现代农业对生态环境的影响，培养学生的生态保护意识和可持续发展观念，同时加深对生命科学的认识和感悟。

二、背景资料

（一）油菜的起源及我国油菜种植区分布

油菜（*Brassica* spp.）属于十字花科（Brassicaceae）芸薹属（*Brassica*），包括白菜型、甘蓝型和芥菜型三种，是人类历史上最早栽培的作物之一，种植历史约7000年。中国是油菜的重要起源中心，尤其是白菜型油菜，中国古代文献《植物名实图考》记载了其悠久的栽培历史。考古发现陕西半坡新石器时代遗址中的炭化油菜籽，距今约7000年，显示了油菜在中国的长期栽培历史。芥菜型油菜同样起源于中国，而甘蓝型油菜则原产于欧洲地中海地区，并在16世纪开始用于榨油。20世纪中叶，中国从日本和欧洲引入了甘蓝型油菜，这标志着中国油菜种植种类的进一步丰富和发展。这些不同种类的油菜，随着时间的推移和人类的活动，逐渐传播到世界各地，成为重要的油料作物。无论是在肥沃的平原还是贫瘠的高地，油菜均能顽强生长，结出丰硕的果实，为世界各地的人们提供了宝贵的滋养。随着时间的流逝和地理环境的变化，油菜逐渐展现出其丰富多样的生物特性，成为适应多种生态环境的典范。

我国油菜种植区域广泛，主要分为冬油菜和春油菜两大生态类型。冬油菜主要分布于长江流域各省，包括四川、安徽、江苏、浙江、湖北、湖南、贵州等省份，这些地区气候温暖，雨水较多，适合甘蓝型油菜的种植。冬油菜生育期约200d，通常在9月底或10月初播种，次年四五月收获，占我国全部油菜种植面积的绝大部分，超过90%。

春油菜则主要集中于东北和西北地区，如内蒙古海拉尔和青海地区，这些区域降水少，日照长，昼夜温差大，有利于种子油脂的合成与累积。春油菜的全生育期大约120d，通常在4月或5月播种，9月收获，种植面积占全国油菜种植面积的7%~10%。

据国家统计局数据，2021年中国油菜籽产量达到1471.35万t，播种面积约为$6.99\times10^6 hm^2$，而2022年种植面积约为$6.97\times10^6 hm^2$。四川省在2020年的油菜籽产量最大，达到317.2万t，约占全国油菜籽产量的22.6%。这些数据表明，我国油菜种植面积和产量均保持在较高水平，且主要集中于长江流域，该区域对我国油菜生产具有重要意义。

（二）油菜的形态特征与生长习性

油菜是一种重要的油料作物，同时其幼苗和叶片、菜薹也可作为蔬菜食用。油菜植株具有独特的生物学特性和经济价值，其生长和发育过程受到多种因素的影响。以下内容详细描述了油菜的植株结构、茎的形态、叶片特征、花序与花色、果实与种子、根系发展、生长环境偏好、开花与结实周期、经济与营养价值、栽培技术要点及收获与后处理等。

（1）植株结构：油菜植株一般为一年生或二年生草本，具有直立的茎干和多分枝的特性，这不仅有助于其在田间形成茂密的植被，还提高了光合作用的效率。

（2）茎的形态：油菜的茎干通常是绿色或带有紫色色泽，圆柱形，多分枝，表面光滑或有细毛，提供植物主要的结构支持，同时也是运输水分和养分的通道。

（3）叶片特征：叶片为互生叶，卵形或长卵形，边缘有锯齿，深绿色，质地脆嫩，是植物进行光合作用的主要部位，其大小和形状因品种而异。

（4）花序与花色：油菜的花序为总状花序，花朵一般为黄色，现已经培育出更多花色，具有典型的十字花科特征，花瓣4片，呈十字形排列，吸引昆虫进行授粉，有助于油菜的繁殖。

（5）果实与种子：长角果是油菜的果实类型，成熟时干燥裂开，释放出种子。种子球形，颜色多样，含有丰富的油脂，是提取食用油的原料，种子大小和含油量因品种而异。

（6）根系发展：油菜的根系发达，主根深长，侧根广泛分布，有助于植物吸收土壤中的水分和养分，适应不同的生长环境。

（7）生长环境偏好：油菜偏好冷凉至温和的气候条件，不耐高温，对土壤适应性较强，但在排水良好、肥沃的土壤中生长更为茂盛，这使得油菜能够在多种气候和土壤条件下生长。

（8）开花与结实周期：油菜的开花与结实期受品种、栽培季节和地区气候条件的影响。一般秋季播种的油菜为冬油菜，通常在春季开花，具体时间从每年的12月底开始，持续到来年的4月底。不同地区的开花时间会有所不同，如在云南、贵州、四川等地的油菜花可能在2月份进入花期，而江浙一带的沿海地区则在4月迎来最佳赏花时节。开花时间从12月底至4月，花期为30~40d。花期结束，果实成熟后会干燥裂开，释放出种子，标志着结实周期的结束。一般春季播种的油菜在夏季开花结实，花期一个月左右。

（9）经济与营养价值：油菜不仅作为油料作物提供食用油，其幼苗和叶片也可作为蔬菜食用，具有丰富的营养价值，包括维生素、矿物质和膳食纤维等。

（10）栽培技术要点：油菜栽培需要考虑品种选择、种子处理、适时播种、合理密植、土壤管理、科学施肥、田间管理、病虫草害防治等。选择适宜的高产品种并进行种子包衣或拌种，以提高发芽率和防治病虫害。适时播种并确定合理的种植密度，同时进行土壤翻耕和"三沟"配套，确保良好的排水系统。施肥时采用有机肥配合专用复合肥，并注意中微量元素的补充。田间管理包括中耕除草、适时追肥和清沟排渍。病虫害防治应结合物理、生物和化学方法，减少农药用量。收获应在油菜成熟时及时进行，并采取适当的干燥和储藏措施。此外，推广机械化生产，以提高效率和降低劳动强度。这些技术要点旨在提高油菜产量和质量，同时减少生产成本和环境影响，不同地区应根据当地条件适当调整。

（11）收获与后处理：油菜的收获通常在角果成熟后进行，种子收获后需要经过清洗、干燥等后处理过程，以便于储存和加工。后处理的质量直接影响到油菜籽油的品质。

（三）油菜的多功能利用价值

油菜作为一种多功能的农作物，其在经济、观赏、生态、工业及其他领域展现出了广泛的应用价值。以下是对油菜各方面用途的详细总结。

（1）经济与健康价值：油菜籽的核心经济价值在于其提炼的菜籽油，这种油脂富含不饱和脂肪酸，对人类健康具有积极作用。据估算，平均每千克油菜籽能够提炼出大约0.4kg的菜籽油，这一效率与花生和葵花籽相当，略低于芝麻，但高于大豆和棉籽。

（2）食用与医药价值：油菜作为一种营养价值丰富的蔬菜，其叶片和菜薹均可食用，不仅在日常饮食中广受欢迎，更在医药领域展现出多方面的健康益处。它含有的低脂肪和膳食纤维有助于降低血脂，减少胆酸盐和食物中的胆固醇及甘油三酯的吸收，从而有益于心血管健康。此外，油菜中的植物激素对防癌抗癌具有积极作用，能够吸附体内的致癌物质，增强肝脏的排毒机制，对皮肤疮疖和乳痈等有辅助治疗效果。油菜的纤维素还能促进肠道蠕动，帮助治疗便秘，预防肠道肿瘤。它还富含维生素C和胡萝卜素，有助于增强免疫力，同时油菜的高钙含量对骨骼健康尤为重要。适宜多数人群食用，特别是对于口腔溃疡、牙齿松动和癌症患者等有辅助治疗作用。然而，对于孕早期妇女、目疾患者等特定人群，建议谨慎食用油菜。油菜的多样功效，使其成为健康饮食中不可或缺的一部分。

（3）食品工业原料价值：除了作为食用油的来源，油菜籽还是制作芥末等调味品的重要原料，为食品工业提供了独特的风味和特有的辛辣味。

（4）观赏与旅游价值：在观赏性方面，油菜花以其独特的四片花瓣和十字形排列而著称，其色彩丰富多样，从传统的黄色到较为罕见的橘色、紫色等，近60种不同的颜色不仅美化了乡村环境，也促进了农业旅游的发展。彩色花油菜在全国适合种植油菜的区域均有种植，成为吸引游客的一大亮点。

（5）生态保护与土壤改良价值：油菜在生态保护方面也发挥着重要作用，作为一种绿色植物，油菜在生长过程中能有效吸收二氧化碳，为减少温室气体排放、实现固碳减排做出贡献。同时，油菜作为绿肥，对土壤结构的改善和土壤肥力的增加也起到了积极作用，有助于提升土壤质量和促进农业可持续生产。

（6）工业原料价值：在工业领域，油菜籽饼作为油菜籽提取油后的副产品，是优质的植物蛋白质来源，广泛用于饲料工业。此外，菜籽油还可以转化为生物柴油和其他工业润滑油，显示了油菜在工业原料方面的潜力。

总体而言，油菜作为集油料、观赏、生态、工业和医药价值于一体的作物，其利用价值横跨食品、农业、环保、能源和医药等多个领域，是现代农业发展中不可或缺的重要组成部分。随着科技的进步和社会需求的增长，油菜的多元化利用前景将更加广阔。

三、教学内容

油菜作为全球重要的油料作物之一，对食品工业和能源产业具有重要价值。通过杂交育种，可以将不同品种的优良性状组合，培育出高产、高油、优质、抗病、耐逆等特性的新品种，以适应不断变化的农业生产需求。

（一）杂交育种的原理与重要性

杂交育种是一种有效的植物改良技术，它通过将不同遗传背景的植物品种进行杂交，以期在后代中产生新的、更优的性状组合。

1. 遗传重组与基因多样性　　遗传重组是杂交育种的核心原理之一。在有性生殖过程中，亲本的染色体在形成配子时会发生交叉互换，这一过程称为重组。它使得不同的等位基因能够重新组合，形成独特的基因型。这种基因的重新排列不仅增加了种群的遗传多样性，而且为选择优良的性状提供了更多的选择空间。基因多样性对于种群适应环境变化、抵御病虫害具有重要意义，是生物进化和种质资源保护的基础。

2. 杂种优势及其应用　　杂种优势又称为杂种活力或杂交活力，是指杂交后代在生长势、产量、品质、适应性等方面超过其亲本的现象。这种现象普遍存在于植物和动物中，是育种工作追求的目标之一。杂种优势的产生通常与显性效应、超显性效应和上位性效应有关。在农业上，利用杂种优势可以显著提高作物的产量和品质，增强作物的抗病虫和抗逆境能力，从而带来巨大的经济效益。

3. 孟德尔遗传定律在杂交育种中的应用　　孟德尔遗传定律包括分离定律和独立分配定律，为杂交育种提供了理论基础。分离定律表明，在有性生殖过程中，每个性状的基因会分离，并且以相等的概率传递给后代。独立分配定律则说明不同性状的基因在形成配子时是独立分配的。这两个定律使得育种家能够预测杂交后代的遗传组成，并据此设计育种方案。

在实际的杂交育种中，育种家会根据目标性状选择亲本，通过人工授粉将不同亲本的遗传物质结合起来。然后，通过选择和淘汰，将具有期望性状的后代保留下来，进行进一步的培育和测试。这个过程可能需要多代的筛选和改良，直到达成育种目标。

杂交育种的成功不仅依赖于对遗传学原理的深刻理解，还需要育种家的耐心和细致的工作。随着现代生物技术的发展，如分子标记辅助育种和基因编辑技术，杂交育种的效率和精确性得到了显著提高。这些技术的应用使得育种家能够更快速、更精确地改良作物品种，满足现代农业生产的需求。

总的来说，杂交育种是一种结合遗传学原理和实践经验的科学方法。它通过增加遗传多样性、利用杂种优势、遵循孟德尔遗传定律，为农业生产提供了源源不断的新品种，是推动农业发展和保障粮食安全的重要手段。

（二）油菜杂交授粉的步骤

植物杂交是指将两个遗传上不同的植物品种（亲本）通过人工或自然的方式进行授粉，以产生具有新的遗传组合的后代（杂交种）。以下是杂交授粉的详细步骤和技术。

1. 亲本的选择与配组　　在育种的过程中，亲本的选择与配组是一个充满智慧和策略的步骤，它不仅关乎科学决策，更蕴含着深刻的人生哲理和心灵启迪。亲本的选择与配组是育种过程中的一次深思熟虑的决策，它要求育种家具备远见卓识，明确育种目标，如高产、优质、抗病等，正如在人生的规划中，我们需要设定清晰的目标和愿景。亲本的选择与配组还需要育种家清晰地知道每个油菜品系的特性，从而可以更好地选择可以达到期望目标的亲本，这一过程是对育种家洞察力的考验，也是对未来的一次投资。每一次选择亲本，都是在为未来的收获播下希望的种子，这与人生中的选择和决策不谋而合，体现了对梦想和目标的坚定追求。

遗传多样性的考量不仅是科学上的优化，也是对生命多样性的尊重和赞美。选择遗传背景差异大的亲本，旨在增加后代的遗传多样性，这反映了育种家对每个独立生命体独特价值的认可，也是对生物多样性的深刻理解和尊重。这一理念启示我们，在人生的旅途中，应珍视和利用每个人的独特性。

2. 去雄与套袋　　去雄与套袋这一精细的操作在植物杂交育种中扮演着至关重要的角色，它不仅是一系列技术动作的执行，更是一种深刻的生命体验和对自然界规律的深刻尊重。在母本植物的花蕾成熟但未开放之际，育种家须精准地去除其雄蕊，这一时机的把握考验着育种家的细致观察力和对生命节奏的理解。随后，立即将花蕾套上纸袋，隔离外界的干扰，确保授粉的纯净性，这一系列动作体现了对生命成长过程的精心呵护和对未来成果的期待。

3. 人工授粉　　人工授粉这一细致而神圣的科学仪式，不仅是植物育种中的关键步骤，也是对生命传递过程的一次深刻体验。人工授粉是将父本的油菜花粉传递到雌蕊柱头上的过程。首先从选定的父本植物上采集成熟的花粉，由于太阳照射一上午之后，雄蕊的花粉成熟散开，一般选择在下午收集花粉。随后，轻柔地将花粉涂抹在已经去雄的母本柱头，进行授粉。

授粉作为创造新生命的起点，极大地激发了我们的创造力。它鼓励我们在个人成长中勇于创新和尝试，因为每一次尝试都可能开启通往新发现的大门，带来无限的可能性。授粉行为本身充满了对未来的希望和期待，提醒我们即使在困难和挑战面前，也总有希望的种子在等待合适的时机发芽成长，给予我们不放弃的勇气和力量。通过参与授粉过程，可以深刻感受到生命循环的美妙和自然界的法则，这种体验提升了我们对生命和自然的敬畏之心，增强了我们的生态意识和环保责任感。在授粉的细致操作中，可以体验到一种难得的内心宁静和平和。这种宁静有助于缓解现代生活的焦虑和压力，实现了心灵的一种解放，让我们在繁忙的世界中找到了一片宁静之地。

4. 再次套袋　　在人工授粉这一环节之后，杂交授粉工作中的"再次套袋"是一个至关重要的步骤，它不仅是一项技术操作，更是一种对新生命的细心呵护和对未来成果的审慎保护。

授粉完成后，会重新为花蕾套上纸袋，这一步骤确保了受精过程不会受到非目标花粉或其他外界因素的干扰，保证了育种的纯度和准确性。

5. 种子的收集　　在油菜杂交育种的旅程中，种子的收集与筛选是对育种工作成果的具体呈现。待油菜角果成熟后，用纱网袋收集那些蕴含着新生命希望的种子。通过种子的收集，不仅收获了物理上的种子，也在心灵上获得了成长和启迪，学会了珍视每个生命阶段，尊重每个人的独特价值，保持对未来的美好期待，并在专注的工作中找到内心的宁静。这些品质不仅对育种工作至关重要，也是我们在个人发展和社会生活中应当追求和实践的重要素质。

四、教学重点与难点

（一）教学重点

（1）油菜的基本生物学特性。
（2）杂交授粉的基本原理与过程。
（3）实验设计与操作。
（4）杂交授粉的意义与应用。

（二）教学难点

（1）去雄是杂交授粉的关键步骤之一，但油菜雄蕊细小且数量多，操作难度较大。需要耐心细致地去除雄蕊，避免损伤雌蕊和花瓣，同时确保去雄的彻底性。

（2）授粉时机的选择直接影响杂交的成功率。需要掌握油菜的开花习性和授粉最佳时间，通常在晴天进行授粉效果较好。然而，实际操作中天气变化无常，需要灵活应对并调整授粉计划。

（3）杂交授粉后需要一段时间才能观察到结实情况。学生需要耐心等待并观察花序生长和结实情况，同时学会如何记录和分析实验数据。由于实验结果可能受到多种因素的影响（如天气、土壤、管理等），需要具备科学思维和解决问题的能力来分析和解释实验结果。

（4）学生需要理解并掌握杂交授粉的相关理论知识，同时将其与实验操作相结合，以解决实际问题。这要求学生具备较强的学习能力和实践能力。

五、教学设计

（一）导入新课（5min）

利用多媒体展示一片片金黄色的油菜花海，伴随着生动的图片或视频，学生能够感受到油菜花盛开时的壮观与美丽。紧接着，通过展示不同油菜品种的图片，教师将指出它们在形态、花色、产量等特征上的差异，从而激发学生的好奇心。在接下来的现场互动环节，提问学生对油菜花的基本认识，邀请他们分享对油菜花海的直观感受。随后，教师引导学生思考油菜的多种用途，尤其是菜籽油的生产，以此来强调油菜作为油料作物的重要地位。最后，提出问题："如何通过杂交育种创造出新的油菜品种？"以此来激发学生的思考，引出人工授粉技术在油菜杂交育种中的核心作用，使学生为即将迎来的实践操作做好充分的心理准备。通过这一连串精心设计的导入环节，学生不仅能够获得必要的知识背景，还能够在情感上与课程内容产生共鸣，满怀期待地投入到接下来的学习活动中。

（二）讲授新课（20min）

1. 杂交育种理论知识讲解（10min）

（1）杂交育种概念：定义杂交育种，解释不同品种或基因型植物交配产生新遗传组合的过程。

（2）杂种优势原理：阐述杂交后代在生长势、产量等方面可能优于亲本的现象及其科学依据。

（3）育种目标与亲本选择：讨论高产、优质、抗病等育种目标，并强调根据这些目标精心选择亲本的重要性。

（4）育种周期概览：介绍从亲本选择到新品种培育的整个周期，包括关键步骤和时间线。

2. 人工授粉操作演示（10min）

（1）花粉采集技术：现场演示如何从父本植物上采集成熟的花粉，并讲解采集时的注意事项。

（2）去雄操作：展示在母本花蕾成熟前去除雄蕊的正确方法，确保只进行预定的杂交。

（3）套袋隔离法：演示套袋隔离的操作步骤，解释其在防止非目标授粉中的作用。

（4）授粉技巧：详细演示授粉过程，包括选择正确的授粉时机和花粉涂抹技巧。

（5）再次套袋：展示授粉后重新套袋的操作，确保受精过程的封闭性和成功率。

（三）课堂互动（30min）

1. 育种知识抢答（5min）

（1）目的：复习和巩固学生对育种基础知识的掌握。

（2）活动：教师提出与油菜杂交育种相关的问题，学生抢答，以此激发学生参与热情。

2. 授粉操作模拟（10min）

（1）目的：通过模拟活动，让学生熟悉授粉的步骤和技巧。

（2）活动：学生使用模型或仿真花进行授粉操作的模拟练习，包括花粉采集、去雄、授粉和套袋。

3. 小组授粉竞赛（10min）

（1）目的：在实践中学习和体验授粉技术，同时培养团队合作精神。

（2）活动：分组进行快速准确的授粉操作竞赛，每组选择一名学生进行操作，其他成员提供指导和帮助。

4. 授粉过程问题诊断（5min）

（1）目的：提高学生分析问题和解决问题的能力。

（2）活动：展示一些授粉过程中可能遇到的问题情景，让学生讨论并提出解决方案。

（四）实地考察（50min）

1. 油菜田间观察（5min）

（1）目的：让学生熟悉油菜田间的环境，识别不同生长阶段的油菜。

（2）活动：学生在教师的带领下，观察油菜田，识别适合授粉的花蕾。

2. 去雄与套袋演示（10min）

（1）目的：向学生展示去雄和套袋的正确操作方法。

（2）活动：教师在田间现场演示去雄技巧和套袋步骤，强调操作要点。

3. 学生实践操作（20min）

（1）目的：让学生亲手进行去雄和套袋，体验实际操作过程。

（2）活动：学生分组进行去雄和套袋操作，教师巡回指导，确保学生正确掌握技巧。

4. 人工授粉体验（10min）

（1）目的：让学生体验人工授粉的全过程，理解其在育种中的作用。

（2）活动：学生在教师的指导下，从父本植物采集花粉，并进行授粉操作。

5. 再次套袋与标记（5min）

（1）目的：完成授粉后的保护工作，确保受精过程不受干扰。

（2）活动：学生对授粉后的花蕾进行再次套袋，并做好标记，以便于后续观察。

通过这一系列的实地考察与杂交授粉体验，学生不仅能够学习到油菜杂交育种的技术，还能够在油菜花海中得到心灵的滋润，体验农耕文化，感受劳动的成就和收获的喜悦。

（五）布置作业（5min）

简要回顾本节课讲授的油菜杂交育种理论知识和实地授粉操作技能，强调这些知识在现代农业中的应用和重要性。让学生在体验种植油菜的乐趣的同时，也思考这些知识在现代农业中的实际应用和深远意义。布置相关的课后作业，如撰写心得体会或绘制授粉步骤图，以促进学生的深入思考和自主学习。同时，鼓励学生结合个人兴趣，探索更多作物的育种技术，了解农业生物技术的最新发展。此外，教师将启发学生思考油菜杂交授粉过程中体现的人生哲理，如生命的成长、个体与集体的关系、劳动的价值等，引导学生从农耕文化体验中获得更全面的人生感悟。

六、思考与练习

（1）油菜杂交授粉不仅是物种繁衍的一种方式，更是生命连续性的体现。思考每个油菜植株如何通过繁衍将生命传递给下一代，并以此为例了解其他物种繁衍方式，思考这些传递如何保证了物种的延续和生命的永恒。

（2）思考生命多样性的存在如何为物种繁衍提供了无限的潜力。举例说明不同物种或品种间的杂交如何创造出具有新特性的生物。

（3）油菜杂交授粉不仅关乎物种的繁衍和生态的平衡，更涉及生命的价值和意义。思考以油菜为例，作为生命体在自然界和人类社会中的地位和作用，以及我们如何尊重和保护每个生命体，实现人与自然的和谐共生。

七、拓展阅读

（一）多媒体资源

（1）《大家》中的《油菜育种学家——傅廷栋》（纪录片）。

（2）《舌尖上的中国》第二季中的《一粒菜籽油的神奇之旅》（纪录片）。

（3）《开讲啦》中的《傅廷栋、黄少保：人生路口，何以选择》（纪录片）。

（二）图书资源

（1）傅廷栋. 杂交油菜的育种与利用[M]. 武汉：湖北科学技术出版社，2000.

（2）涂金星. 油菜杂种优势利用的生物学基础[M]. 北京：科学出版社，2018.

（3）官梅，官春云. 高油酸油菜育种栽培学[M]. 长沙：湖南科学技术出版社，2022.

八、教师札记

油菜杂交授粉体验课不仅是一次农业技术的学习，更是一场关乎生命、成长与自我实现的深刻对话。学生通过亲手参与油菜的授粉过程，不仅了解了物种繁衍的奥秘，也获得了深入探索生命连续性和多样性的独特视角，这些可以引导学生更加深刻地认识到生命的价值和意义。

在授粉体验中，学生学习到的不仅仅是杂交育种的技术，更是对生命循环和自然规律的领悟。通过观察油菜的生长，学生理解到每个生命阶段都有其独特的价值和意义，每个生命体都是自然界中独一无二的存在。我们应该尊重每个生命体，珍惜它们所带来的生态价值和社会价值。

这是一次深刻的生命与物种繁衍的思考之旅,通过实践活动,向学生普及生命与物种繁衍的知识,提高学生对生命价值的认识和尊重,鼓励学生将所学知识应用于实际生活中,为保护生命和生态环境贡献自己的力量。

九、主要参考文献

常海滨. 油菜多功能利用之油菜薹[M]. 北京:中国农业科学技术出版社,2021.

陈道宗,刘镒,付文芹,等. 彩花油菜的创建及遗传育种进展[J]. 中国油料作物学报,2019.

董遵,刘敬阳,牟建梅,等. 杂交油菜育种工作的实践与思考[J]. 中国种业,2006(9):2.

傅廷栋. 杂交油菜的遗传与育种[M]. 武汉:湖北科学技术出版社,2019.

傅廷栋. 杂交油菜的育种与利用[M]. 武汉:湖北科学技术出版社,2000.

官春云. 改变冬油菜栽培方式,提高和发展油菜生产[J]. 中国油料作物学报,2006,28(1):3.

郭晶心,曹鸣庆. 芸薹属植物起源、演化及分类的分子标记研究进展[J]. 生物技术通报,2001(1):5.

何余堂,陈宝元,傅廷栋,等. 白菜型油菜在中国的起源与进化[J]. 遗传学报,2003,30(11):1003-1012.

李保庆. 杂交油菜制种的几个关键技术[J]. 河南农业科学,1995.

刘成,冯中朝,肖唐华,等. 我国油菜产业发展现状、潜力及对策[J]. 中国油料作物学报,2019,41(4):5.

四川省农业科学研究所. 中国油菜栽培[M]. 北京:农业出版社,1964.

孙晓敏,李英,李艳明,等. 我国油菜育种研究技术和品质育种研究进展[J]. 安徽农学通报,2011,17(3):2.

王汉中. 我国油菜产业发展的历史回顾与展望[J]. 中国油料作物学报,2010,32(2):3.

肖湘. 油菜的遗传与育种[J]. 作物研究,1984(4):1.

徐亮,唐国永,杜德志. 我国双低油菜多功能利用及青海省发展潜力分析[J]. 青海大学学报:自然科学版,2019,37(3):8.

姚琳,孙璇,咸拴狮,等. 油菜多功能利用及发展前景[J]. 粮食与油脂,2020,33(11):4.

殷艳,王汉中. 我国油菜产业发展成就、问题与科技对策[J]. 中国农业科技导报,2012,14(4):1-7.

余世铭. 春油菜栽培[M]. 北京:北京农业大学出版社,1996.

Chalhoub B,Denoeud F,Liu S,et al. Erratum:Early allopolyploid evolution in the post-Neolithic Brassica napus oilseed genome[J]. Science,2014,345:6199.

Ihsan A,Al-Shehbaz. A generic and tribal synopsis of the Brassicaceae(Cruciferae)[J]. Taxon,2012.

Lu K,Wei L,Li X,et al. Whole-genome resequencing reveals Brassica napus origin and genetic loci involved in its improvement[J]. Nature Communications,2019,10(1).

Mukherjee P. Karyomorphological studies of ten strains of Indian mustard(Brassica juncea Coss.)[J]. Euphytica,1975,24(2):483-486.

第九章 生命与农耕文化：以玉米种植收获体验为例

一、学习目标

● 通过亲身参与从播种到收获的整个过程，让学生深刻理解生命的循环和植物生长的自然规律，同时加深对生命成长过程的理解。

● 通过作物种植的实践，让学生亲身体验农耕文化的辛勤与智慧，理解农民对土地的敬畏之心及农耕活动对人类社会的重要性，引导学生认识到食物来之不易，培养珍惜粮食、尊重劳动成果的意识。

● 通过亲身体验生命的成长与变化，掌握基本的农业知识与技能，让学生更好地理解生命与自然的关系，对生命科学产生浓厚的兴趣，并激发他们探索生命奥秘的欲望，为他们未来的学习和发展奠定良好的基础。

二、背景资料

（一）玉米的发现与我国玉米种植区分布

1492 年，哥伦布在美洲发现了玉米这种神奇的作物，并带回欧洲大陆，玉米种植范围不断扩展。1800 年前后，玉米的种植面积迅速扩大，直到今天成为世界上种植最为广泛的作物之一。在全世界范围内，玉米的种植面积仅次于小麦和水稻，居栽培作物第三位；籽粒的总产量次于小麦，居第二位；单位面积产量则居谷类作物之首位。

玉米原产墨西哥和中美洲其他国家，引入中国栽培的历史仅有 400 多年。玉米分布于 $58°N \sim 40°S$ 的温带、亚带热和热带地区。玉米既能在低于海平面的里海平原生长，又能在海拔 3500m 左右的安第斯山一带种植。关于玉米第一次传入我国的真实年代和途径尚没有明确的结论，但根据对我国农学遗产的初步研究，玉米引入我国的时间应该在 1511 年以前，因为 1511 年的古书《颍州志》中已有关于玉米的记载。玉米传入我国的途径可能有两条：一条是由印度经西藏传入四川；另一条是由海路传入东南沿海地区再传至内地各省。中国是一年四季都有玉米生长的国家。北起黑龙江省的讷河市，南至海南省，都有玉米种植。

全国玉米分为 6 个种植区：①北方春播玉米区，以东北三省、内蒙古和宁夏为主，种植面积稳定在 $6.50×10^6 hm^2$，占全国 36%左右；总产量 2700 多万 t，占全国的 40%左右。②黄淮海平原夏播玉米区，以山东和河南为主，种植面积为 $6×10^6 hm^2$，约占全国 32%；总产量约 2200 万 t，占全国 34%左右。③西南山地玉米区，以四川、云南和贵州为主，面积约占全国的 22%，总产量占 18%左右。④南方丘陵玉米区，以广东、福建、台湾、浙江和江西为主，种植面积为全国的 6%，总产量不足 5%。⑤西北灌溉玉米区，包括新疆和甘肃部分地区，种植面积约占全国的 3.5%，总产量约占 3%。⑥青藏高原玉米区，由于青海和西藏海拔高，种植面积及总产量都不足全国的 1%。

（二）玉米的食用、药用价值

玉米在工业原料、饲料、食用、医药等方面有着十分可观的利用价值，人均占有玉米量已经成为权衡一个国家畜牧业发展水平和人民生活水平高低的主要标准之一。玉米籽粒中含有 70%～75%的淀粉，10%左右的蛋白质，4%～5%的脂肪，2%左右的多种维生素。籽粒中的蛋白质、脂肪、维生素 A、维生素 B_1、维生素 B_2 含量均比稻米多。以玉米为原料制成的加工产品有 500 种以上。

据《本草纲目》记载：玉蜀黍种出西土，甘平无毒，能调中开胃。玉米的花粉、胚芽中还含有大量的维生素 E 和玉米黄酮，经常食用玉米制品可延缓人体衰老，增强人的体力和耐力。玉米果糖浆能防止牙龈出血，对心血管疾病的治疗具有辅助功效。将玉米变性淀粉涂于人体烧伤处可使患处不产生瘢痕。玉米淀粉还是良好的生产青霉素的培养基。氧化后的玉米右旋糖制成的山梨醇膏，可用于制备抗坏血酸片剂。玉米还有美容、瘦身的作用。与大豆、小麦相比，玉米低脂肪、低热量、高膳食纤维，因而玉米制品越来越受到健身及减肥人士的青睐。

根据玉米籽粒形态、硬度及不同用途，玉米分为普通玉米（硬粒型、中间型、马齿型、硬偏马型、马偏硬型）和特种玉米（高赖氨酸玉米、高油玉米、甜玉米、爆裂玉米、糯玉米等）两种。特种玉米有各种不同用途，如甜玉米和超甜玉米的青嫩果穗可鲜食，或冷冻贮存，或加工制成罐头食品；糯玉米除作鲜食外，常用于制糕点或酿酒；爆裂玉米可加工为爆米花食品。

果蔬玉米是指可用作蔬菜、果品及加工罐藏食品的玉米，包括甜玉米、糯玉米和爆裂玉米。果蔬玉米营养丰富，适口性好。尤其是甜玉米，在国际市场上备受青睐。除含糖量较高外，甜玉米的赖氨酸含量是普通玉米的 2 倍，且富含多种维生素。甜玉米不仅可以鲜食，而且可加工为速冻食品，在淡季上市。另外，甜玉米也可用作罐头或菜肴的原料。

甜玉米属于甜质型的玉米栽培亚种。甜玉米是由普通玉米基因突变形成的玉米新类型，其甜质由单个或多个隐性突变基因控制，这类引起胚乳缺陷的突变基因统称为胚乳突变基因。这些突变基因通过表达，能够改变甜玉米胚乳中糖分的组成，提高糖分的含量，从而改善甜玉米的风味和口感。依据突变基因的不同，甜玉米又分为普甜玉米、加强甜玉米和超甜玉米。甜玉米因具有丰富的营养，以及甜、鲜、脆、嫩的特色而深受消费者青睐。甜玉米含有丰富的可溶性糖、膳食纤维、蛋白质、脂肪、维生素、矿物质及多酚类等营养与生物活性成分，富含类胡萝卜素是其主要营养特征之一，其中尤以玉米黄素和叶黄素含量最高。超甜玉米由于含糖量高、适宜采收期长而得到广泛种植。

我国对甜玉米育种的研究起步较晚。1963年，我国学者郑长庚和李竞雄引入了一批优良的甜玉米种质资源，此后对甜玉米开始了系统性的深入研究。1968年，'北京白砂糖'被北京农业大学（现中国农业大学）成功培育，成为中国首个甜玉米品种。20世纪80年代，我国的甜玉米育种水平取得了极大的提升，选育出了包括首个超甜玉米'甜玉2号'在内的一系列甜玉米品种。进入20世纪90年代，甜玉米品种选育工作得到快速发展，选育方向也由普甜玉米向超甜玉米、加强甜玉米转变。进入21世纪后，我国的甜玉米选育工作和品种生产都得到极大的发展，不仅选育出的品种数量急速增多，品种的推广种植面积不断地扩大，而且品种的质量也有很大的提升。甜玉米品种在产量、品质及抗性方面都有较大的进步，附加价值不断提升，经济价值进一步提高。

糯玉米又称蜡质玉米或黏玉米，是菜用玉米品种的一种类型。中国是糯玉米的世界起源中心，栽培历史悠久。糯玉米营养丰富，食用价值高，被当今世界广泛用作营养食物。糯玉米最初起源于中国云南，其栽培技术简单、种植周期短，同时具有较高的经济价值、营养价值和加工价值，深受相关产业人员的欢迎。在糯玉米的植株上，上部叶片直挺耸立，下部叶片散开垂披；剥开糯玉米苞叶，其籽粒表面光滑且无明显光泽，颗粒坚硬如同蜡纸一般。

糯玉米具有优良的口感、质地等食用品质，含有人体所必需的各种营养成分，其中E类和B类维生素、赖氨酸等的含量都非常丰富，铁、钙等矿物质元素含量也很高，具有极高的营养保健价值及工业利用价值，在我国目前主要用于鲜食和作为食品加工原料。有研究表明，鲜食糯玉米还具有良好的抗氧化活性，因此鲜食糯玉米已经被列入人们日常消费的果蔬产品中。随着经济的持续快速发展和生活水平的不断提高，鲜食玉米的需求量急剧增加，促进了我国糯玉米种植和加工产业的迅速发展，种植面积迅速扩大，目前已经达到了 1.34×10^6 hm^2。同时，糯玉米鲜穗的市场价格比普通鲜食玉米的价格要高30%以上，鲜食糯玉米的种植和加工具有更好的经济效益。

（三）玉米生长阶段及栽培要点

玉米是喜温短日照作物。从种子萌动发芽到新种子成熟，全生育期需90～150d。一般晚熟品种，因播种期早，生长前期温度偏低，生育期偏长；反之则短。中国的早熟品种生育期为90～100d，多春播。光照长短和光谱成分跟玉米生长发育有密切关系。全生育期可分为苗期（播种至拔节）、穗期（拔节至抽穗）、花粒期（抽穗至成熟）3个生育时期。

（1）选择种植地：玉米植株抗病虫害及适应环境的能力较强，在不同土壤环境和气候中都能良好生长。其中，土地肥沃、排水性良好、地势平坦及土层深厚的沙壤土是最适宜玉米生长的环境。对于常年杂草丛生的种植地，在种植玉米前，须对种植地开展20～35cm的翻耕处理，以保证土地的松软度和透气性。北方地区多采用免耕播种技术，一些常年种植的地块可采用免耕技术，并对其进行基础施肥，做好清理田间杂草工作，等到种植时节即可播种。

（2）选择品种：由于各地区的气候和生态环境不同，我国玉米品种丰富。为提高玉米产量，栽培前需根据各地区实际情况和生态环境，合理选择玉米品种，增强其生长适应能力。购买时需仔细检查外包装、内容标签、种子色泽度和有无霉变虫伤等问题。严格依据国家规定种子标准，检查种子大小、粒形和色泽度等。

（3）择期播种：气温回升、空气湿润，土地温度较为稳定适宜时适合种子生长，能满足种子发芽条件。土地温度为15℃时，种子播种7～14d后可出苗；土地温度为20℃时，种子播种7d后可出苗。播种玉米时需分析和判断播种土壤的疏松度，一般种植深度为5～6cm，避免发生种子闷死现象。

（4）水分调控：发现种植地中的病苗和死苗，应及时补苗。为了保证玉米健康生长，需根据玉米不同生长期，并结合实际生长环境调控水分，确保田间土壤湿度符合玉米对水分的需求。

（5）施肥管理：玉米种植应注重科学施肥，根据土壤养分状况和作物需求，合理施用有机肥、化肥等，以提高玉米的产量和品质。在整理种植地时，可以将储备的基肥倒入播种沟中，并进行适当填埋，以便满足玉米的生长需求。玉米种植时，底肥施加要充足。一般在大喇叭期进行追肥，施肥时应结合天气、地力、植株发育状态精准施肥，合理选用肥料，实现科学合理施肥作业，促进玉米植株健康生长。

（6）中耕除草：中耕可以有效疏松土壤，提高土壤透气度，抑制杂草生长。同时，在中耕过程中可喷洒除草剂清除部分杂草，杀灭地下害虫。除草管理通常采取多种措施，如机械除草、物理除草、化学除草等，以达到全面清除杂草的目的。

三、教学内容

玉米是世界三大粮食作物之一，用途广泛，在中国的种植面积已超过水稻、小麦，是我国第一大粮食作物，在保障国家粮食安全方面起着重要作用。作为粮食和饲料作物，玉米籽粒含有丰富的矿物质、维生素和脂肪等营养物质，玉米花丝中也含有黄酮、多糖、有机酸等多种化合物；作为工业原料，玉米还可以通过精炼提纯，加工成为淀粉糖；作为能源植物，玉米也可以通过蒸馏加工成燃料乙醇。在过去半个世纪以来，世界玉米总产量不断增加，现已多年保持在年产10亿t以上。在中国，从2013年起玉米播种面积就超过$4\times10^7 hm^2$；2010年玉米产量为1.91亿t，2020年玉米产量为2.61亿t，2023年玉米产量为2.89亿t。

（一）玉米苗期——原本充满不同点

玉米种子播种后短时间内萌发，将生长成为玉米幼苗群体，同时形成健壮幼苗个体和同质幼苗群体，为生产优质高产作物奠定了坚实的基础。玉米群体整齐度是玉米高产稳产的一项重要指标，整齐度的大小决定玉米群体的空间分布和产量形成。在田间生产中，为了方便田间管理和后续的高产，生产者总是促进玉米苗期生长的一致性，保证其生长的整齐性。但站在自然生物的角度来看，每一株玉米幼苗都具有独特性。生长的高度、茎粗、整齐度，是它作为栽培植物，人类为了获得更好的经济价值给它加上的条条框框。

从人生的、自然的、浪漫的角度去看，玉米苗期的生长呈现出一幅多彩的画面，每一株幼苗都似乎在述说着独特的故事。有些苗高大挺拔，仿佛在自豪地展示着自己的生命力；而有些则婉约柔弱，却也透露着不同的韵味。

正如玉米苗期的不同点展现了自然的多样性一样，人生中的不同点也展示了世界的丰富多彩。它们让我们体会到生命的魅力和无穷可能，教会我们珍惜每个独特的存在，尊重各种不同的选择。因此，让我们怀着宽容的心态，欣赏生命中的不同点，相信每个人都有自己独特的价值和意义，让我们共同创造一个更加包容和美好的世界。

（二）玉米孕穗期——需要把握关键点

玉米孕穗期是玉米生长周期中至关重要的阶段。玉米植株已经长成，开始结出玉米穗，而这些穗正是丰收的关键。此时玉米植株的生长情况对于后期产量的形成至关重要。在这个阶段，玉米植株需要充足的养分供给和适当的环境条件来确保玉米穗的顺利发育和成熟。

在人生中也存在着类似的"孕穗期"，这是指人们面临的重要转折点或关键时刻。这些时刻可能是学习生涯中的升学深造、取得科研突破性成果，或者是职业生涯中的重要晋升机会、人际关系中的关键交集，或者是个人成长中的重大挑战。与玉米孕穗期一样，这些时刻需要人们格外关注和努力，因为它们很大程度影响了个体未来发展的方向和成就的高低。

正如玉米孕穗期需要及时灌溉和追肥一样，人生中的关键节点也需要及时投入和努力。只有在关键时刻采取正确的行动，才能够实现自己的目标和梦想。在人生旅途中，时刻保持警觉，发现并抓住每个关键节点，用智慧和勇气开启自己的人生新篇章。只有通过努力和智慧，才能够克服困难，实现自己的梦想和抱负，让生命在关键点上绽放出最美的光芒。

（三）玉米收获——获得幸福简单点

在玉米成熟的收获季节，收获的不仅是玉米，更是对辛勤劳作的回报和对未来的希望。田间弥漫着丰收的喜悦和劳作的汗水。即便是在辛苦的农活中，人们依然能够感受到那份简单而真挚的幸福，因为幸福就隐藏在这些平凡的动作和瞬间之中。

人生亦如此，在经历了辛勤耕耘和等待之后，终将迎来丰硕的成果和喜悦的收获。在收获阶段，人们可以体会到付出的价值，感受到收获的甜美，从而激发更多的动力和勇气去追求更高的目标和更美好的生活。在这个过程中，收获不仅是物质上的丰收，更是内心的成长和满足。人生中的幸福也是由一系列平凡而简单的事情构成的。幸福可以是一次深情的拥抱，一顿家人团聚的晚餐，一次朋友间的相聚，或者是一个微笑、一句关心的问候。这些看似微不足道的小事，却能够给予人们极大的快乐和满足，让人感受到生活的温暖和美好。只要用心去感受生活中的每一个美好瞬间，就能够发现幸福其实就在我们身边，而获得幸福快乐其实是一件平凡而又简单的事情。

（四）综合利用——处处都是闪光点

玉米不仅是一种作物，更是一种资源。玉米的种子可以食用或者加工成各种食品，玉米叶可以用来覆盖土壤保持湿度，玉米须可以用来制作茶饮、草药，玉米皮具有降血脂、降血压的药理作用，玉米秸秆可以用作动物饲料或者生物质能源等。即使一株玉米达不到经济意义上的高产，但其每一个部分都能被利用起来。这种综合利用的思想启示学生，即使是在看似普通的事物中，也蕴藏着丰富的价值，只要善于发现和利用，就能让这些事物发挥更大的作用。

同样地，人生中的每一个经历和每一个阶段都有它的闪光点。无论是成功还是挫折，每一次经历都是人生的财富，都有助于成长和进步。就像玉米的各个部分一样，人生中的每一个片段都有它的价值和意义，可以从中汲取力量、获取经验、提升自己。即使是看似不起眼的经历，也可能成为人生中的转折点，推动我们走向更好的未来。

因此，综合利用的理念不仅可以应用于农业生产，也可以运用到人生的方方面面。只要善于发现和利用身边的资源和机会，人生处处都是闪光点，拥抱更多可能，更加丰富多彩。

四、教学重点与难点

（一）教学重点

（1）玉米的生物学特性。
（2）农耕文化的传承与发展。
（3）玉米种植技术与管理。

（二）教学难点

（1）理论知识到实践操作的转化是学生面临的第一个难点。学生需要将课堂上学到的种植技术应用到实际种植中，面对复杂多变的自然环境，如何调整种植策略、应对病虫害等问题是一大挑战。

（2）玉米种植过程中，农时的把握和天气变化对产量和品质有着重要影响。学生需要学会观察天气变化，预测未来天气趋势，并据此调整种植计划和管理措施。然而，天气变化无常，如何灵活应对并减少损失是教学中的一个难点。

（3）农耕文化不仅是种植技术的传承，更是一种生活方式和价值观的体现。学生需要深入理解农耕文化的内涵，包括人与自然的关系、人与人的合作与互助等。然而，由于现代社会的快速发展和城市化进程的加速，学生对农耕文化的了解和认同度可能较低，这增加了教学的难度。

（4）收获与后处理是玉米种植周期的最后阶段，也是确保最终产量和品质的关键环节。学生需要掌握收获时机的判断、收获方法的选择、后处理流程的规范操作等细节问题。然而，这些环节往往涉及较多的技术细节和经验积累，学生需要在实践中不断摸索和总结。

五、教学设计

（一）导入新课（5min）

通过日常饮食导入新课，从品尝、感官和基础知识了解入手，激发学生的学习兴趣和探索欲望。

（二）讲授新课（20min）

（1）简要介绍玉米的起源、类型、分布情况及玉米在我国粮食安全保障方面起到的重要作用。

（2）通过多媒体、动画展示玉米的生长条件及过程，重点讲解玉米生长关键时期，引导学生联系生命的阶段深入思考。

（3）讲解玉米综合利用及中耕管理要点，激发学生参与实践的热情，启发学生探索生命观念。

（三）课堂互动（30min）

（1）玉米品鉴：糯玉米、水果玉米、甜玉米、玉米笋、爆米花等玉米及相关产品的品鉴。

（2）小组讨论：分组讨论并总结不同种类玉米的色泽、气味、口味特点及其对应的栽培特点，每组选出一位代表汇报讨论成果。

（四）实地考察（45min）

组织学生参与玉米种植的环节，依据参与时间对应玉米不同的生育时期，进行选种、浸种、制种、育苗、整地、施肥、播种、间苗、补苗、中耕除草、灌溉、病虫驱除、追肥、收获等实践课程的体验。通过实际运用简单易学的玉米种植劳动技术，体验玉米种植中传承千年的农耕文化，感受玉米生长蕴含的人生巧思和哲理。

参观实践中，教师进行讲解示范与指导，帮助学生有更好的种植体验。在播种、间苗、追肥、收获等关键时间节点的课程，更要让学生深刻体会玉米种植所带来的成就感、获得感，在劳动实践中走向田间、走进旷野。

（五）布置作业（5min）

简要总结本节课的理论知识与实践技能，让学生体验种植乐趣的同时思考人生价值。同时，结合学生兴趣点设置课后思考与探索，对学生的表现给予鼓励和肯定，激发学生的实践热情，引导启发学生领悟玉米种植过程中展现的人生角度、人生高度、人生深度。

六、思考与练习

（1）为什么生命被视为农耕文化的基石？生命在农耕文化中的地位和作用是什么？思考土地与作物之间的生命联系。

（2）在农耕文化的实践中，有哪些做法体现了对生命的尊重和伦理关怀？思考农耕活动中的各个环节是如何与生命的循环规律相契合的，分析这种契合对于农业生产和人类生活的重要性，以及其中蕴含的伦理思想是如何指导人类的农耕实践的。

（3）如何在追求农作物高产的同时，维护农田生态系统的平衡与稳定呢？这些举措是如何体现对生命多样性的尊重与保护的？

（4）面对快速变化的现代社会，我们应该如何传承和弘扬农耕文化中关于生命的深刻理解和价值观？这些价值观如何为现代社会的可持续发展提供启示和借鉴？

七、拓展阅读

（一）多媒体资源

（1）《中国粮的奇迹》（纪录片）。
（2）《端牢中国饭碗》（纪录片）。
（3）《农耕春秋》（纪录片）。

（二）图书资源

（1）卢媛，郑洪建，王慧. 神奇的甜玉米[M]. 上海：上海科学技术出版社，2023.
（2）何川，吴潇，梁晋刚. 玉米的故事——为什么我们需要"转基因"[M]. 上海：上海科学技术出版社，2022.

八、教师札记

通过玉米种植活动体验激发学生深入思考生命价值，探讨生命与农耕文化之间的深刻联系，感受到过程中蕴含的生命力量、自然规律及农耕文化的丰富内涵。

启发学生懂得农耕文化中强调尊重自然规律和生命的力量。在作物种植过程中，农民会根据天气、土壤等自然条件来安排农事活动，以确保作物的健康成长。这种顺应自然、尊重生命的态度是农耕文化的精髓所在。

农耕文化中的勤劳与智慧在玉米种植过程中得到了充分体现。农民通过不断地实践和探索，积累了丰富的种植经验和智慧。他们利用这些经验和智慧来应对各种挑战和困难，确保作物的丰收。

引导学生在实践中，身体走向田间地头，心灵走向人生旷野。深刻感受到生命与农耕文化之间的紧密联系和相互融合。农耕文化不仅承载着人类的生命之需，也蕴含着丰富的内涵。通过亲身体验和实践，让学生更加珍惜粮食、尊重生命、热爱自然，并深刻认识到农耕文化对于人类生存和发展的重要意义。

九、主要参考文献

陈继玲. 玉米栽培技术要点及农业技术推广作用[J]. 种子科技，2023，41（5）：76-78.

冯宣军，潘立腾，熊浩，等. 南方地区120份甜、糯玉米自交系重要目标性状和育种潜力分析[J]. 中国农业科学，2022，55（5）：18.

国家统计局. 我国主要农作物播种面积和产量[EB/OL]. https://www.stats.gov.cn/sj/.

李昂, 刘瑞涵, 王俊英. 中国甜玉米贸易结构分析[J]. 中国蔬菜, 2020（11）: 17-22.

李晨. 优异种质: 玉米种业发展的核心[J]. 种子科技, 2021（3）: 2.

李坤, 黄长玲. 我国甜玉米产业发展现状、问题与对策[J]. 中国糖料, 2021, 43（1）: 5.

李少昆, 王克如, 杨小霞, 等. 玉米高产纪录田块技术与效益分析[J]. 作物杂志, 2017（6）: 1-6.

李水琴, 王文瑞, 刘海英, 等. 玉米胚乳遗传基础及相关基因研究[J]. 种子, 2016, 35（6）: 45-49.

刘海英. 高类胡萝卜素甜玉米种质资源筛选及产品开发[D]. 广州: 华南理工大学, 2018.

刘俊恒. 河南省鲜食甜、糯玉米的发展现状与对策[D]. 郑州: 河南农业大学, 2017.

吕凤金, 郭珍, 王子明. 世界甜玉米生产和贸易概况[J]. 中国蔬菜, 2005（3）: 2.

史振声, 李凤海, 王志斌, 等. 我国鲜食型玉米科研与产业开发的现状和问题[J]. 玉米科学, 2002, 10（S1）: 93-96.

孙祎振, 赵淼, 吴洪婕, 等. 糯玉米营养品质和风味品质的鉴定分析[J]. 大麦与谷类科学, 2011（4）: 1-5.

王金亭, 李伟. 玉米麸皮膳食纤维的研究与应用现状[J]. 粮食与油脂, 2016, 29（10）: 6.

王瑞霞. 对我国玉米种业发展的几点粗浅看法[J]. 种子科技, 2009, 27（5）: 3.

王晓明, 刘建华, 李余良. 广东省特用玉米生产科研现状分析及发展设想[J]. 华北农学报, 2000, 15（专刊）: 29-31.

王振萍, 滕文星, 尹斌, 等. 玉米及近缘物种的起源[J]. 农业与技术, 2011, 31（3）: 31-34.

魏常敏, 周文伟, 许卫猛, 等. 河南省鲜食糯玉米新品种的丰产稳产性比较及种植区域分析[J]. 作物研究, 2020, 34（3）: 223-226.

徐丽, 赵久然, 卢柏山, 等. 我国鲜食玉米种业现状及发展趋势[J]. 中国种业, 2020（10）: 14-18.

严建兵. 玉米起源进化的"世纪之争"——且看技术进步和学科交叉如何解决重大科学问题[J]. 玉米科学, 2023（6）: 1-6.

杨柯, 姜春霞, 张伟, 等. 不同收获期对玉米籽粒机械收获质量及产量的影响[J]. 玉米科学, 2023, 31（3）: 88-94.

袁静超, 刘剑钊, 梁尧, 等. 东北中部春玉米超高产群体养分管理模式的研究与验证[J]. 植物营养与肥料学报, 2020, 26（9）: 1669-1680.

张毅, 柏光晓, 王庆伟, 等. 玉米杂交种金秋151的选育及栽培技术要点[J]. 农业科技通讯, 2023（4）: 173-174.

张晓英, 周彦伟, 吴然, 等. 我国糯玉米生产现状及发展趋势浅析[J]. 新农业, 2021（13）: 14.

赵久然, 王帅, 李明, 等. 玉米育种行业创新现状与发展趋势[J]. 植物遗传资源学报, 2018, 19（3）: 12.

周书灵, 张英彦. 玉米生产效率的微观测度及对比分析——基于玉米主产区868个地块的调研[J]. 玉米科学, 2018, 26（6）: 5.

Hershberger J, Tanaka R, Wood J C, et al. Transcriptome-wide association and prediction for carotenoids and tocochromanols in fresh sweet corn kernels[J]. The plant genome, 2022, 15（2）: e20197.

Wang W, Niu S, Dai Y, et al. The Zea mays mutants opaque2 and opaque16 disclose lysine change in waxy maize as revealed by RNA-Seq[J]. Scientific Reports, 2019, 9（1）.

第十章 生命与自然生物：以盆景感悟植物生命力量为例

一、学习目标

● 通过对自然生物的接触，引导学生深入理解生命与自然的奥秘，培养观察、思考及情感共鸣的能力，让学生意识到每个生命都值得被尊重和呵护，从而培养他们的生命伦理观和环保意识。

● 通过对自然生物的观赏和学习，激发学生对自然界的兴趣与好奇心，培养他们对自然美的感知能力和审美能力，引导学生认识到自然界的伟大与神奇，培养对自然的敬畏之心。

● 通过观察自然生物的实践，全面提升学生的知识、能力和情感素养，培养热爱自然、尊重生命、勇于探索的精神品质，加深对生命力量的感悟。

二、背景资料

（一）盆景的起源

魏晋南北朝是我国历史上战乱频繁、政局动荡的时期。由于群雄割据，相互对峙，造成极大的经济破坏，而官僚机构臃肿不堪，如《北齐书》所述："百室之邑，便立州名，三户之民，空张郡目。"百姓生活在战乱和贫困之中，对当时黑暗的政局十分不满，同时也产生了悲观避世的情绪。但在思想上却呈现多元化状态，人们思想活跃，向往田园生活，纵情自然山水，追求潇洒飘逸的情趣，形成了艺术上的多元化。

自然山水的功能发生了巨大变化，它转变为审美对象和山水诗、山水画、山水盆景等山水文化的创作源泉。受玄、道、佛学的普遍影响，崇尚自然之风的形成与社会审美意识的变化，都推动了文学、绘画、园林、盆景等艺术形式走向自觉发展的阶段。中国盆景艺术在文学艺术、绘画艺术、园林艺术的影响下，已具备了形成的条件。尤其自然山石盆景艺术作为中国传统文化中的一个重要部分，开始进入形成阶段。

魏晋南北朝时期，人们在意识形态方面突破了儒家独尊的正统地位，思想解放，诸家争鸣。阮籍、嵇康、刘伶、向秀、阮咸、山涛、王戎为当时的代表人物，号称"竹林七贤"。他们反对礼教的束缚，寻求个性，寄情于山水，崇尚隐逸，探索山水之美的内蕴，这些生活方式被称为"魏晋风流"。其特点就是崇尚老庄，任达不羁。此为魏晋以来形成的一种思想风貌和精神品格，其表现特征往往是服饰奇特，行为上随心所欲，有时借助饮酒，纵情发泄对于世事的不满情绪，以达自我解脱，并试图远离尘世，去山林中寻求自然的慰藉，寻找消音、知音，陶醉于自然之中。如《招隐二首》曰："非必丝与竹，山水有清音。"名士"肆意遨游"，退隐田园，寄情山水，并以石代山，追求与自然的融合。

魏晋南北朝是中国崇尚自然和山水情绪的发达时期。由于对山水的亲近和融合，逐渐把笼罩在自然山水上的神秘面纱掀开，由神话偶像转变为独立的审美对象，由对山水的自然崇拜转变为以游览观赏为主要内容的审美活动，从而促进了文学、绘画、雕塑、园林、盆景等各种艺术形式的发展和转变。人们描绘、讴歌、欣赏自然山水成为时尚，在向大自然倾注真感情的过程中，努力探索山水的内涵。诗人、画家进入自然之中，将形形色色的自然景观作为审视对象，独立的山水画也孕育形成，山水欣赏体现形而上的山水之道。宗炳是中国最早的山水画家，著有《画山水序》。他一生钟情自然山水，畅游名山大川，每游山水，往辄忘归。他提出以静虚的心态去审美山水，主张"山水以形媚道"。

山水诗和绘画一样蓬勃兴起，谢灵运是中国山水诗的开创者，山水借文章以显，文章凭山水以传。东晋顾恺之作画不重形似而重神似，提出了"以形写神"的绘画理论。盆景艺术就是"以形媚道"和"以形写神"理论的产物和实践。

魏晋南北朝时期，对园林的物质功能要求逐渐下降，而游赏的要求则增加，诗情画意写入园林已成为当时的时尚。"幽斋磊石，原非得已。不能致身岩下，与木石居，故以一卷代山，一勺代水，所谓无聊之极思也。"在园林中浓缩山水，再现自然，并突破有限空间，走向无限空间，成为中国自然山水的主要指导思想。《周易·系辞》："书不尽言，言不尽意。"魏晋南北朝时，言不尽意也作为一种玄学的名理而盛行。"言不尽意"追求象外之象和韵外之致，即追求更深层次的内涵。张彦远《历代名画记》云："意存笔先，画尽意在，所以全神气也。"山石盆景受文学、绘画和园林艺术影响，以自然纯真取胜，追求诗情画意、画外之意和弦外之音。《画山水序》云："昆、阆之形，可围于方寸之内。竖划三寸，当千仞之高；横墨数尺，体百里之迥。"这段话精辟论述了小中见大的艺术手法，是盆景艺术浓缩自然、缩龙成寸手法的典型体现。

（二）盆景的发展

在古代，为适应需要，产生"囿""苑"，发展形成"自然山水园"；产生"画"，发展形成"自然山水画"；产生"盆栽"，发展形成"盆景"。据文献记载，河北望都东汉墓壁画中绘有一陶质卷沿圆盆，盆内栽有六枝红花，置于方形几架之上，呈现植物、盆盎、几架三位一体的盆栽形象，可见当时把盆栽作为一种重要的艺术表现形式。

唐代出现写意山水园和山水画，盆栽制作者应用山水画理将山石与植物组"景"，浓缩于盆盎之中，由简单的"盆栽"而升华为具有意境的"盆景"。盆景在民间广泛制作、赏玩，同时流入宫廷府邸，成为宫苑装饰、观赏珍品。1972年，在陕西乾陵发掘的章怀太子墓甬道东壁上，生动地绘有一侍女：圆脸，朱唇，戴幞头，圆领长袖袍，窄裤腿，尖头鞋，束腰带；双手托一盆景，中有假山和小树。不仅民间盆景流入宫廷，在唐代阎立本绘的《职贡图》里还画有以山石进贡的情景。进贡行列中一人手托浅盆，盆内立一玲珑剔透山石。

盆景艺术形成后，很快被工艺美术所效仿。西安中堡村盛唐墓出土的唐三彩砚，经定名为陶砚。三彩砚通高 18cm，其造型底部是一具平扁的浅盆，前半留作水池，后半群峰环立，如列屏障，山上还有树木及小鸟。三彩砚的造型，绝不是制砚人的创新，而是现实生活的写照，所反映的正是当时盆景艺术的形象。

宋代形成树木盆景、山水盆景两类。树木、山石的研究，盆景的布局当时已发展到相当水平。除山石与植物组"景"，又分别将树木加以艺术处理，发展形成树木盆景；将石玩组合，"渍以盆水"，发展形成山水盆景。故宫内藏的宋人画"十八学士图"四轴，二轴都画有盆松。"盖偃枝盘，针如屈铁，悬根出土，老本生鳞，已俨然数百年之物。"宋代诗人王十朋在《岩松记》里描绘松树盆景更为详尽。

文学家、书画家苏东坡在制作盆景时，触景生情，诗兴勃然，写下著名《双石》诗而传为佳话。诗序说："至扬州获二石，其一绿石，冈峦迤逦，有穴达于背；其一玉白可鉴，渍以盆水，置几案间。忽忆在颍川日梦人请往一官府，榜曰仇池。醒而诵子美诗曰：万古仇池穴，潜通小有天。乃戏作小诗为僚友一笑。"

苏诗曰："梦时良是觉时非，汲井埋盆故自痴。但见玉峰横太白，便从鸟道绝峨眉。秋风与作烟云意，晓日令涵草木姿。一点空明是何处，老人真欲住仇池。"

苏东坡不仅亲自制作盆景，而且对入画的盆景加以吟咏："我持此石归，袖中有东海……置之盆盎中，日与山海对""试观烟雨三峰外，都在灵仙一掌间""五岭莫愁千嶂外，九华今在一壶中"。

四川省安岳县岳阳镇的北宋石窟圆觉洞中，在清丽而宏大的净瓶观音石窟造像之旁，有一位轻灵的飞天，手捧一盆玲珑剔透的山石盆景，栩栩如生。南宋淳熙至淳年间兴建的大足宝顶山大佛湾摩崖造像，在柳本尊行化道场由上至下的第二排柳本尊弟子供奉群造像中，有一侍女手托山水盆景雕像与手捧莲花的侍女像并列，至今保持完好，造型生动逼真，比例协调。这是用盆景与莲花象征香花，永恒虚空的极乐境界。

元代提倡制作"小型"盆景。高僧韫上人云游四方，出入名山大川之间，制作盆景取法自然，饶有画意，擅长作"些子景"，这里"些子"就是小的意思。元末回族诗人丁鹤年有《为平江韫上人赋些子景》诗句，诗曰："尺树盆池曲槛前，老禅清兴拟林泉。气吞渤澥波盈掬，势压崆峒石一拳。彷佛烟霞生隙地，分明日月在壶天。旁人莫讶胸襟隘，毫发从来立大千。"律诗总结韫上人制作盆景受山水画理影响，具备"小中见大"的特色，这对元以后制作盆景及盆景衡量标准产生深远影响。

明代盆景制作者将经验所得纷纷立著记载。明代黄省曾在《吴风录》中写道："至今吴中富豪竞以湖石筑峙奇峰阴洞，至诸贵占据名岛以凿，凿而嵌空妙绝，珍花异木错映阑圃，闾阎下户亦饰小小盆岛为玩。"民间广泛制作，使明代盆景更加盛行，并将经验所得立著记载，盆景著作班班可考。

由于受元高僧韫上人影响，明代屠隆著《考槃余事》，在《盆玩笺》中写道："盆景以几案可置者为佳，其次则列亭榭中物也"。同时很注重画意，提出以古代画家马远、郭熙、刘松年、盛子昭笔下古树作比的盆景为上品。"最古雅者，如天目之松，高可盈尺，本大如臂，针毛短簇，结为马远之欹斜，郭熙之攫拿，刘松年之偃亚层叠，盛子昭之拖拽轩鬌，栽以佳器，槎枒可观。"并说："更有一枝两三梗者，或栽三五窠，结为山林排匜，高下参差，更以透漏窈窕奇古石笋，安插得体，置诸庭中。对独本者，若坐岗陵之巅，与孤松盘桓。对双本者，似入松林深处，令人六月忘暑。"

屠隆在《考槃馀事·盆玩笺》中还首次介绍蟠扎技艺："至于蟠结，柯干苍老，束缚尽解，不露作手，多有态若天生然。"指出民间通过人为剪扎制作树木盆景"多有态若天生"。

"虽闾阎下户，亦饰小小盆岛为玩"，绘画、雕刻艺术家往往也都善于制作盆景，相互渗透、相互借鉴、相互提高。隆庆、万历年间，王鸣韶著的《嘉定三艺人传》书中写道："子小松亦善刻，与李长衡、程松园诸先生犹将小树剪扎供盆盎之玩，一树之植几至十年，故嘉定之竹刻盆树闻于天下，后多习之者。"程庭鹭在《练水画征录》中又评论说："小松能以画意剪栽小树，供盆盎之玩，今论盆栽者必以吾色为最，盖犹传小松画派也。"朱小松除将竹刻与盆景技艺相互因借，还把绝招传授给后代朱三松。陆廷灿在《南村随笔》中介绍说："邑人朱三松，择花树修剪，高不盈尺，而奇秀苍古，具虬龙百尺之势，培养数十年方成，或逾百年者，栽以佳盎，伴以白石，列之几案间，或北苑、或河阳、或大痴、云林，俨然置身长林深壑中，三松之法，不独枝干粗细上下相称，更搜剔其根，使屈曲必露，如山中千年老树，此非会心人来能邃领其微妙也。"文震亨的《长物志》盆玩篇、王象晋的《二如亭群芳谱》、吴初泰的《盆景》、林有麟的《素园石谱》等都详述了制作盆景的技艺。

到了清代，盆景艺术成为园庭中不可少的装饰，盆景材料丰富多彩，艺术形式更为多样，用盆也颇为讲究。

康熙二十七年（1688年），陈淏子在《花镜》"种盆取景法"中写道："近日吴下出一种仿云林山树画意，用长大白石盆或紫砂宜兴盆，将最小柏、桧、榆、枫、六月雪或虎刺、黄杨、梅桩等择取十余棵，细观其体态，参差高下，倚山靠石而栽之，或用昆山石或广东英石。"

"随意叠成山林佳景，置数盆于高轩书室之前，诚雅人清供也。"李斗所著《扬州画舫录》一书也提到乾隆年间，扬州有花树点景和山水点景的创作，还有做成瀑布的盆景，也曾提到有一位苏州名离幻的和尚专长制作盆景，往往一盆价值百金之多。因广筑园林，大兴盆景，有所谓"家家有花园，户户养盆景"。扬州八怪郑板桥题画《盆梅》更形象地展示了当时的梅花盆景艺术。

嘉庆年间，五溪苏灵著有《盆景偶录》二卷，书中以叙述树木盆景为多，把盆景植物分成四大家、七贤、十八学士和花草四雅，足见当时盆景发展之兴盛。

四大家：金雀、黄杨、迎春、绒针柏。

七贤：黄山松、缨络柏、榆、枫、冬肖、银杏、雀梅。

十八学士：梅、桃、虎刺、吉庆、枸杞、杜鹃、翠柏、木瓜、蜡梅、天竹、山茶、罗汉松、西府海棠、凤尾竹、紫薇、石榴、六月雪、栀子花。

花草四雅：兰、菊、水仙、菖蒲。

制作盆景的石料以四川、广东所产为贵，钱塘惕庵居士诸九鼎在《石谱》自序中说："今偶入蜀，因忆杜子美诗云：'蜀道多花草，江间饶奇石。'遂命童子向江上觅之，得石子十余，皆奇怪精巧，后于中江县真武潭，又得数奇石，乃合之为石谱，各纪其形状作一赞。"石门吴震方《岭南杂记》云:"英德石大者可以置园庭,小者可列几案。"

树木盆景发展到清代,除自幼栽培,还到荒山野地挖掘经樵夫"加工"之树桩进行再创作,在盛枫的长诗中说:"木性本条达,山翁乃多事。三春截附枝,屈作回蟠势。蜿蜒蛟龙形,扶疏岩壑意。"光绪年间,苏州胡焕章还曾将山中老而不枯的梅树,截取根部的一段栽入盆中,随后用刀雕凿树身,变成枯干,树条只留二三枝任其自然展开,颇饶画意。

三、教学内容

(一)盆景如何立意

"生意"是中国盆景的灵魂。庭院里,案头间,一盆小景为清供,稍近之,清心洁虑,细玩之,荡气回肠。勃勃的生机迎面扑来,人们在不经意中领略天地的"活"意,使人感到造化原来如此奇妙,一片假山,一段枯木,几枝虬曲的干,一抹似有若无的青苔,再加几片柔嫩娇媚的细叶,就能产生如此的活力,有令人玩味不尽的机趣。

> **参考案例**
>
> 明代盆景理论家吕初泰说:"盆景清芬,庭中雅趣,萦烟笑日,烂若朱霞。吸露酣风,飘如红雨。四序含芬,荐馥一时,尽态极妍。最宜老干婆娑,疏花掩映,绿苔错缀,怪石玲珑。更苍萝碧草,袅娜蒙茸,竹栏疏篱,窈窕委宛。闲时浇灌,兴到品题。生韵生情,襟怀不恶。"明代文震亨是一位对盆景很有研究的艺术家,他说:"吴人洗根浇水竹剪修净,谓朝取叶间垂露,可以润眼,意极珍之。余谓此宜以石子铺一小庭,遍种其上,雨过青翠,自然生香。"几根绿竹,数枚石子,经过艺术家的神手,就赋予了它生香活态。清康熙时园艺学者陈淏子的《花镜》是盆景艺术的重要著作,其中有言:"若听发干抽条,未免有碍生趣,宜修者修之,宜去者去之,庶得条达畅茂有致。"所谓"条达畅茂",就是儒学所说的生生之条理。

(二)盆景艺术的生命哲学思考

一盆清供,取来一片山林气象,招来几缕天地清芬。小小的盆盎中,有了自然的"生香活态",有了天地的"生韵生情",有了生生而有条理的机趣,既尽天"情",又显天"理"。中国哲学家所说的"翛然清远,自有林下一种风流"的境界,就在小小的盆景中实现了。盆景艺术家创造的不光是眼前所看的物,一个与人无关的瞻玩对象,更是创造出一片与人的生命相关的世界。盆景就是人"生命的雕刻",艺术家创造一片活的"宇宙",是为了展现玲珑活络的心灵。中国哲学是一种以生命为中心的哲学,强调"天地之大德曰生"——天地的最高德行就是创化生命,天地间的一切都贯穿着生生不息的创造精神。中国盆景也受到这种哲学思想的影响。

中国盆景作为独立艺术的确立，就是在重视"生意"的哲学氛围中产生的。盆景的制作，以突出"活泼泼"的生命精神为根本。作为案头雅玩，盆景与人朝夕相伴，不是外在山水景物的替代品，而是将世界的"绿意"引到案头，置入心间，使人窥通造化的生机。小小的盆景让人体会到无往不复的变化之理。

> **参考案例**
>
> 盆景作为一种独立的艺术种类正式形成在宋代，其诸种形式在两宋时期已经具备，如盆池、盆花（如盆梅）、盆山（即山水盆景）等植物盆景和山石盆景都已进入成熟期。宋代经历了儒学的复兴，融汇道禅哲学的理学和心学先后产生，而盆景艺术发展成为人们广泛喜爱的艺术形式，与这一哲学思潮密切相关。宋代哲学家多强调"观天地生物气象"对于心性修养的重要性。宋代哲学家普遍重视盆池、盆栽和盆景艺术，因为他们把这当作"观天地气象"的手段。周敦颐"窗前草不除"，要借此"观天地生物气象"。邵雍有《盆池》诗云："三五小圆荷，盆容水不多。虽非大薮泽，亦有小风波。粗起江湖趣，殊无鸳鹭过。幽人兴难遏，时绕醉吟哦。"强调"万物之生意最可观"的程颢，将"观生意"落实到平时的行为之中。他的弟子张九成记载道："明道先生书窗前有茂草覆砌，或劝之刬。明道曰：不可，常欲观见造物生意。又置盆池蓄小鱼数尾，时时观之，或问其故，曰：欲观万物自得意。"回庭草之茂，可见生机勃勃，游鱼之乐，更见心灵的自得。南宋朱熹酷爱盆景，曾制作一山水盆景，置于乘炉前，山水在烟云中缥缈。他有诗道："晴窗出寸碧，倒影媚中川。云气一吞吐，湖江心渺然。"

宋代哲学家将盆景作为观天地气象的工具，对中国盆景的发展起到了重要的推动作用。元代以后的很长时间里，理学是一门官方哲学，它对盆景"生意"的关注，成为盆景艺术发展的重要思想支撑。

四、教学重点与难点

（一）教学重点

（1）借助盆景发展的历史背景，让学生体会中华文化的魅力所在。
（2）结合植物生命力量，将植物的蓬勃斗志与青年学生的个人发展、生命价值结合。
（3）教学过程中坚持以学生为中心，不要以功利主义的态度要求学生必须掌握教学内容。

（二）教学难点

1. 学生的困惑与误区

（1）学生容易将盆景技法、美感当成首要目标，忽略自然生命的价值内涵。
（2）学生没有实际操作，很难体会盆景的精神内核。

2. 教学过程的引导误区　　教学过程中，老师往往将此当作一门专业课程，容易过分强调知识学习，忽略学生个体感悟。

五、教学设计

（一）导入新课（5min）

通过提问导入新课，询问学生对盆景的了解情况，引发学生的思考和兴趣。

（二）讲授新课（40min）

(1) 介绍盆景的起源与发展，使学生了解相关内容。
(2) 分析盆景的内涵，体会盆景的精神所在。
(3) 通过盆景感悟植物自然生命的蓬勃力量。

（三）课堂互动（15min）

(1) 小组讨论：分组讨论盆景对生命的启示，以及如何将这些启示应用到自己的生活中。每组选出一位代表汇报讨论成果。
(2) 提问环节：鼓励学生提出自己的问题和疑惑，全班共同探讨解答。

（四）案例分析（30min）

组织学生观看盆景作品，实地感受盆景艺术的造型手法和立意。讨论总结盆景作品所表现的生命哲学思考和精神内涵。在观察过程中，教师进行讲解和引导，帮助学生深入理解盆景艺术的美和生命精神。

（五）布置作业（5min）

对本节课的教学内容进行总结，强调盆景思想对人生的启示和指导意义。同时，对学生的表现进行评价和鼓励，激发学生的学习热情和积极性，最后完成对课后练习思考题目的探讨。

六、思考与练习

(1) 自然生物是如何在有限的空间内展现出强大的生命力的？生命对环境的适应能力和生命力的顽强在哪些地方能够体现？
(2) 有哪些方式能够如盆景一样实现自然生命的延续？思考生命如何通过艺术的形式得以延续和表达，以及这种传承对生命价值的体现。
(3) 辩证思考生命在面对挑战和逆境时的坚韧态度，以及生命的脆弱性。如何将对植物生命的尊重扩展到整个自然界？如何与其他生命和谐共处？如何珍惜和呵护每个生命体？

七、拓展阅读

（一）多媒体资源

（1）《影响世界的中国植物》（纪录片）。
（2）《园林》第五集《汴京艮岳梦》（纪录片）。
（3）《万木灵》（纪录片）。

（二）图书资源

（1）胡运骅. 中国盆景名作选[M]. 上海：上海三联书店，1997.
（2）石万钦. 盆景十讲[M]. 北京：中国林业出版社，2018.

八、教师札记

在课程讲述过程中，以下案例可以用于教育学生感悟盆景植物生命力量，感受自然生命之美。

（1）劈梅盆景：所谓"劈梅"，就是除掉梅树"脑袋"的部分，仅保留底下的梅桩，然后将梅桩从中劈开，嫁接全新的梅花枝条，从而营造出老树开新花的奇特景观。在整个过程中，梅树虽受刀锯斧钺，但依然坚强地活着。即便百岁高龄的梅树中间的木质层已经完全腐朽，只要树皮部分依然完好，就可以继续为梅树输送养分。很早之前，古人就发现了这个秘密，进而衍生出了"劈梅"这项技艺。这看似残忍的艺术，是梅树与人类合作演绎的励志传奇。

（2）悬崖式盆景：源自山野江畔悬崖峭壁上悬挂而生的苍健树木，根盘深深扎入崖缝石壁，悬根露爪，岿然不动，虬曲苍健，茎干嶙峋斑驳，枝叶苍翠，险峻而飘逸，灵动而秀美，婉若游龙，势如大鹏，身姿轻盈，根盘稳健，千折百回，坚忍不拔，百折不挠，奋力向上，体现着顽强的意志和拼搏精神，因此是盆景爱好者最为喜好的造型形式之一。悬崖式盆景的造型意境，总体来说可以用清代"扬州八怪"之一的郑板桥的诗《竹石》来体现："咬定青山不放松，立根原在破岩中。千磨万击还坚劲，任尔东西南北风。"

（3）提根式盆景：也叫露根式盆景，是以欣赏根部神态风姿为主的盆景造型形式，通过展示根部的虬曲苍健的根爪，将之高高提起或者裸露，采用夸张的技术手法，一条条生动优美的根部线条，犹如乐曲的五线谱，旋律优美，错综复杂；或者根盘稳健，以根代干，造型优雅；或者巧妙布局，灵动虬曲，飘逸潇洒。提根式盆景造型和附石式盆景造型极为相似，又颇有不同。附石式盆景造型为了体现以树为主，兼赏奇石，根依赖于石，攀援而上，二者有机结合，天衣无缝，相映成趣，重点在于石和树根的紧密结合，体现的是根的秀美和造型奇趣。而提根式盆景，如张新华作品《侠骨虬枝》（雀梅），则是毫无依赖，完全依靠自身根系的力量，支撑整个树桩，体现的是根部的力量，壮硕雄浑，苍健古朴，根爪狰狞，力度十足，幻若游龙，遒劲叱咤，处处透露出力量的美感。

以盆景为媒介，让学生深刻感悟植物生命的力量，进而引发对生命与自然生物的深层次思考。这些植物在狭小的盆土中，经历了无数次的修剪与调整，却依然能够展现出蓬勃的生命力，引导学生思考是什么让这些植物在如此有限的空间内绽放出如此强大的生命力。通过探讨讲解，让学生逐渐明白，生命的力量是无穷的，只要给予适当的条件和环境，就能在任何地方绽放光彩。

从生命的角度去解读盆景之美，讨论生命的坚韧、适应、成长与变化等主题，不仅加深了学生对盆景艺术的理解，也使学生更加深刻地认识到了生命的价值与意义。

引导学生将盆景中的生命力量与自然界中的其他生命相联系，思考人类与自然的关系。可以提问：盆景中的植物生命力量如何启示我们在生活中保持积极向上的态度？我们又该如何与自然和谐共处？让学生认识到，无论是盆景中的植物还是自然界中的万物，都在以自己的方式诠释生命的伟大与神奇。作为人类，我们应该学会尊重生命、珍惜自然、保护环境，与万物和谐共生，增强学生对生命的敬畏与热爱。

九、主要参考文献

付彦荣，张宝鑫. 中国盆景植物应用历史及展望[J]. 园林，2020（5）：6.

李树华. 有关中国盆景起源的各种学说的研究[J]. 花木盆景：盆景赏石版，2021（1）：34-38.

李树华. 中国盆景的形成与起源的研究[J]. 农业科技与信息：现代园林，2007（10）：10.

李树华. 中国盆景文化史（第2版）摘辑（二十六）：植物类盆景各论（一）[J]. 花木盆景（下半月），2023（2）：52-55.

李树华. 中国盆景文化史（第2版）摘辑（二十七）：植物类盆景各论（二）[J]. 花木盆景（下半月），2023（3）：26-30.

邵忠. 中国山水盆景艺术[M]. 北京：中国林业出版社，2002.

韦金笙. 中国盆景的历史、流派及其艺术欣赏意境[J]. 北京林业大学学报，2001，23（5）：79-81.

杨标林，安锶滢，李宇英. 中国盆景的历史、流派及其艺术欣赏意境构建[J]. 人物画报（下旬刊），2020（5）：1-1.

庄文其. 从生命雕塑（盆景）艺术的历史文化背景看其美学特征[J]. 中国花卉盆景，2010（12）：36-37.

第十一章 生命与雅致生活：以压花艺术体验为例

一、学习目标

● 通过实践，让学生亲身体验将自然之美融入日常生活的雅致与和谐，深化对雅致生活美学内涵的理解。

● 通过学习，引导学生认识到各类艺术活动作为一种生活情趣的表达方式，能够提升个人生活的格调和品质，使生活更加精致和富有艺术感。

● 通过欣赏和创作艺术作品，学生的审美感知能力和艺术鉴赏能力将得到显著提升，培养学生从自然和生活中发现美、创造美、欣赏美和感受美的能力。

● 通过对更多艺术形式和表现手法的了解，拓宽学生的艺术视野，提升艺术修养，为雅致生活增添更多文化底蕴和艺术气息，注重生活品质与精神追求的结合，实现身心的和谐与平衡。

二、背景资料

（一）压花艺术简介

压花艺术是植物科学与艺术相融合的产物，是将植物的根、茎、叶、花、果通过物理和化学等手段进行脱水干燥、保色处理制备成平面的天然干燥材料，然后按照干燥材料的色彩、形态、质感、韵味等特点适宜搭配，制成精美的植物艺术品。

压花艺术起源于植物标本，现存最早的植物标本是橄榄叶，距今有2300多年的历史。最早的植物标本出版物是意大利植物学家Luca Ghini的《艺术性的标本》。17~18世纪，英国伊丽莎白时期，压花制品开始有了色彩和初步的设计。19世纪后半叶，维多利亚女皇时代，压花艺术到达一个新的高潮，受英国本国文化和艺术的影响，该时期形成了"维多利亚"式压花设计风格，即对所有样式的装饰元素进行自由组合。维多利亚风格带来的是视觉上的绝对华丽与分割取舍，人类对于自然和装饰的唯美体现得到了最大化的发挥。

近代，美国女演员Grace Kelly热忱于压花艺术，举行各种形式的花艺活动，积极推广压花艺术，她的压花作品充满了浪漫的田园气息和自然风情。美国的压花艺术融入了美国崇尚自由的文化，从日常生活和大众传播文化中直接吸收创作素材，从而使画面充满着现实生活的生命力。美国压花在表现上运用了许多可以鲜明体现本国文化的艺术元素，有自己的国家特性。美国人不受束缚、崇尚自由和乐观的个性在压花作品中得以彰显，对于传统和权威的质疑和反叛也是美国精神特质的一个重要体现，这也反映在美国压花所具有的后现代文化特征上。所以美国压花在设计上更具有创意和创造性，而且创作题材上不受限制，从而拥有广大的受众市场。

20 世纪 50 年代，日本开始研究压花，随着干燥剂的开发研究，对压花进行深入研究并将其发展成国家级艺术。受浮世绘装饰性画风的影响，日本压花设计也同样形成了一种唯美的绘画风格，压花制品非常精细华丽，表现出精益求精的创作风格。

20 世纪 80 年代，一批前往日本学习的台湾省艺术家将压花艺术带回了台湾省。1987 年，压花艺术推广协会于台北成立。紧接着压花艺术传入大陆并落地生根，大陆的压花也开始有了艺术创作形态。中国大陆的压花艺术虽然起步较晚，但由于受博大精深的中国传统文化的影响，往往具有浓厚的中国绘画艺术的特色，画面多有留白，给人以联想的空间，充分体现出中国艺术审美对意境的营造与追求。有以牡丹、兰花、梅花、菊花、青竹、松鹤、荷鸳和柳莺等传统中国花鸟绘画主题为题材的压花艺术，也有以江南山水、塞外白桦、水乡渔歌和雪国冬韵等地方特色的人文风情为题材的压花艺术，而以牛郎织女、天女散花和红楼十二钗等人物为题材的压花艺术更是为大众所熟悉和喜爱。

目前，世界上从事压花艺术的国家有 30 多个，如在日本、韩国、丹麦、荷兰、法国、美国、英国、意大利、匈牙利等国家都有压花艺术的发展。在长期的发展过程中，各国压花艺人受各自的文化影响，形成了不同的压花艺术风格，推动了传统压花艺术的发展和创新。

（二）压花的制作工艺

压花的制作工艺主要包括植物材料的选择和采集、保色和染色、压制和干燥、收纳和保存等内容。

植物材料的选择一般遵循三条原则：较好的观赏性；便于压制干燥；压制干燥后能保持相应的美感。适宜压花的植物材料主要来源于栽培植物和野生植物。人工栽培的植物品质较好，花叶完整，基本没有病虫，是压花材料的最佳选择。野生植物在花叶的品质上难以保证，然而野生环境下生长的许多植物，其独特的色彩、形态和质感等可以让压花艺术创作不落俗套，个性十足。

压花制作需要尽量保持植物的原有色彩，因此植物材料在干燥过程中的保色对干花质量起着关键性作用。不同植物干燥效果不同，但大部分花材在压制干燥过程中会发生色泽上的变化，这种变化称为色变现象，主要包括褐变、褪色、颜色迁移、颜色加深等。为避免色变现象，一般采用物理保色法、化学保色法和艺术保色法。物理保色法是通过控制花材所处环境的温度、湿度、光照强度和使用的干燥剂种类，将花材内部水分快速向外释放和扩散，使植物细胞失去活性，不再进行氧化，从而达到保持花色的目的。物理保色法包括微波快速脱水压花法、硅胶脱水法、低温冷冻干燥法等。化学保色法是通过使用化学试剂改变植物细胞液内 pH、抑制细胞色素酶活性、对色素分子实行引进基团或攫取基团的置换反应、络合反应等，使花瓣内色素分子的结构变得稳定，以达到保持花色不褪色的目的。化学保色法的处理方式主要有浸泡、涂抹、内吸和干燥后涂抹四种方式。艺术保色法是指利用染料给植物上色的一种方法。干花染色之前必须进行漂白处理，一般通过染色液内吸的方式进行花材染色，常用的染料有直接染料、活性染料、碱性染料等。

采集的植物材料经过保色处理后，应趁其新鲜、舒展时尽快进行压制干燥，以保持其完美的造型和色泽。压花干燥的方法多样，主要有压花器干燥、微波炉干燥和电熨斗熨压三种方法，其中压花器压制干燥是操作最简单、成本最低廉、最适合普通大众压花的一种方法。花材的压制方法有整朵正压、整朵侧压、单瓣压、剖花压、花序压等。为了在创作中尽可能使每种花材展现其最佳状态，丰富创作的构图形式和立体感，应当根据花朵花形、花朵结构、含水量等的不同选择合适的压制方法。

植物材料压制干燥后，在保存过程中易受外界环境因子的影响，若保存不当，易吸收空气中的水分和氧气而变色或腐烂，也易遭受虫蛀等，从而降低干燥花材的品质和观赏效果。因而压制好的花材要及时分门别类收纳于硫酸纸袋内，装入放有硅胶或干燥板的保鲜盒内保存，并定期更换硅胶或干燥板，以使花材能长时间保持干燥。为展现最完美的外观，压制好的花材应尽快使用。

（三）干花产业概况

干花能够延续鲜花的美丽，根据花朵的不同颜色、不同形态搭配出具有一定审美的干花产品，同时人们在制作作品时注入了自己的情感。干花的用途很广，可以与生活用品和装饰品相结合，具有很高的经济价值和实用价值。

压花艺术产品作为压花艺术的主要推广媒介，其形式多种多样。叶脉书签等是最开始在我国流行的压花装饰品。20世纪80年代中后期，以北京的红枫叶制成的贺卡、书签成为当时中国压花装饰品的典型代表。现在，压花装饰品植物材料的选择视野拓展开来，不再局限于简单的书签贺卡，逐渐出现在多个生活场景中，包括：①压花饰品，如耳环、项链、手表、头纱等；②压花生活用品，如请柬、花瓶、杯垫、手机壳、服饰等；③压花家具，如台灯、座椅、屏风等；④人体压花装饰，如压花美甲、面饰等；⑤压花室内装饰，可根据环境需求的不同，设计整屋压花装饰，从而达到最佳的装饰效果。

干花作为一个新兴产业，是一种独特的装饰艺术形式。在国外，大多数欧洲国家已经在干燥技术和管理上处于比较高的水平，在干花市场占据重要的地位，与此同时也推动着世界干花市场的快速发展。在中世纪时，欧洲出现干花；在19世纪末期的东方，干花开始广泛制作使用。随着社会的发展，干花作为一种装饰品进入我们的视野中。

现在，国外干花已被用作商业艺术多年，企业遍布世界各地。干花产业通过创造就业机会和创业发展，在多元化维度为国民经济发展提供了支撑。国内干花就是近年来脱颖而出的一朵"奇花"，以朴实、自然、高雅的突出特点，被越来越多的人接受和喜欢。我国干花研制起步较晚，20世纪80年代初，干花作为工艺品才开始出现。近年来，干花贺卡在市场上有少量出售，也有销往国外的，但尚未形成批量生产，干花技术有待提升。2003年，我国自制的干花也挤进了花市的行列，成为花市中的佼佼者。中国的干花产业尚处于起步阶段，但已经达到一定规模。目前，有许多城市的干花产业发展良好，推出了能够与生活相融合的应用类型干花，吸引了人们的关注。

近年来，以培养学生的美育精神为宗旨，我国部分高校开展了干花的教学及科研工作，推动了我国干花事业的发展。当前，国内已经成立了部分干花公司及一些专门制作永生花的公司。例如，云南是我国鲜切花的大省，近十年来，一直在产品生产上引进技术，生产优质的永生花。昆明郑继兰花卉有限公司、云南梦之草柔姿鲜花有限公司坚持科技创新的原则，经过三年的摸索，处理了鲜切花和植物保存方面的一些技术问题，使中国成为世界上第四个拥有专业花卉保存技术的国家。同时，网上一些购物平台也开始出现与干花相关的网店和商品，售卖的商品有耳环、项链、发夹等装饰品，以及树脂永生花、钟罩花摆件等商品。我国干花产业已具备一定的发展势头，越来越多的公司将吸引一批专业的人才投入干花产业的发展中。

（四）压花与园艺疗法

压花是园艺疗法过程中的一种有效手段。压花活动本身可以使参与者充分享受压花的种花乐、采花乐、压花乐、作花乐，从而促进其身心健康发展。

人们在户外种花过程中，可以呼吸新鲜空气、接受阳光照射，适宜的温度和湿度也有利于身体健康。而在室内，一定面积的植物可以起到调节室内温湿度、净化空气的作用。同时心理上，人们可以感知从种子发芽、生长、开花、结果这一系列过程，感受到生命的节奏和律动。

采花对人的情绪及一些功能是一个改善和恢复的过程。对于个性较强的人来说，采花活动尤其是采摘大朵花为其提供了宣泄途径，达到自我控制的目的。花材压制好后，要进行分类保存，这一过程可促使行动者生发爱惜生命之情，规律性地存放也可养成良好的个性品质。

压花艺术作品的制作需要耐心、专注及对生活的仔细观察。在动手制作的过程中学会选择、处理、配置各种材料，同时充分发挥想象力、创造力与自我表达能力，自信心得到满足，责任感、成就感与自我理念也能够得到提升。

作品完成后相互之间进行欣赏、交流，可学习新的压花技巧与方法，激发好奇心，增加观察力。压花活动多为小组活动，在与同伴的分工协同和沟通交流的过程中学会尊重彼此，和对方共担责任，有机会发展领导特质。

在参与上述一系列与压花相关的活动过程中，参与者不但增强了社会责任感，获得自尊感和同伴之间的互相支持，而且建立了目标达成的责任感、支配感及被需要感。

【附】世界压花比赛概况：①美国费城画展压花大赛，每年3月；②韩国国际压花大赛，每年4月；③国际压花协会，不受限制；④中国园艺学会压花分会压花比赛，每两年一次。

三、教学内容

压花是经过艺术创作，以植物材料表现设计师的美学思想和情感。它不是一种简单的堆砌，而是自然科学和人文科学交叉产生的新领域。植物压花技术的实现，使人们可以定格植物的美好，延续植物的生命。

压花来源于植物标本，后来逐渐发展成为一种艺术形式。历经上百年的发展，压花艺术不再代表皇室贵族的消遣，而成为老少皆宜、妇孺皆知的大众艺术。压花可以帮助人们忘记城市里的喧闹，返璞归真，沉醉在植物的世界，填补人们远离自然而向往美好自然的空虚，从而在精神上得到解放。研究表明，压花园艺疗法能显著提高治疗者的生活目标、自我认同和自尊感。压花也是保护自然、保护植物的社会普遍愿望的产物，但与传统的保护相比，压花超越了自然的界限。压花艺术源于自然，它保存了人类无法复制的自然色彩和造型，能表达人与自然的精神共识。除此之外，压花艺术具有实用价值和经济价值，也可以提供较高的教育价值。以压花艺术为主体的创业项目具有良好的发展前景，许多高校和研究机构也正在对压花技术进行不断地研究和推广。

（一）花材的采集

植物材料的采集是压花前最重要的一项基础工作，这个过程不仅需要极大的耐心，还需要一双能发现美的眼睛。任何植物材料都可能成为压花艺术创作的主角，甚至可以是石头上的青苔，抑或是扔掉的瓜果皮。

在一年四季当中，只要有鲜花开放或有成熟的干花植物材料都可进行采集，但采集时期因采集目的的不同往往会有较大差异。花朵的采集一般在每种植物盛花期进行。叶片的采集没有最适宜的季节，可以根据需要采集新叶、老叶、落叶、变色叶等。其他的植物器官如茎、果等，也是根据物候期和创作需要的形态及颜色来采集。

采集植物材料的时间为10:00～17:00。时间过早，露水未干，影响植物材料的干燥；时间过晚，来不及处理当天采收的植物，会导致植物失水卷曲而不能做压花，浪费植物材料。对于部分开花时间特别的植物，应当注意其花朵开放的时间和规律，如荷花、睡莲、红花酢浆草等植物的花朵会在傍晚闭合，第二天早上再展开；牵牛花、蒲公英等只在上午开放；月见草和晚香玉只在傍晚开放；昙花多在夜晚开放。避免在温度较高的中午采集，此时植物正处在蒸腾作用最旺盛的时刻，采后极易萎蔫变形，不易压制。采集植物不可在雨后进行，即使植物表面干了，但花朵内还积存着大量水珠，这不仅使压花处理工作量成倍增加，如处理不当还会破坏植物，使得植物材料作废。

根据采集地点和采集材料特性的不同，一般需要选用不同的采集工具。常用的工具有剪刀（普通剪刀、园艺剪）、美工刀、密封盒、水桶、湿巾、手套、冰盒、压花器等。采集好的花材要进行整理归纳，便于后期干燥处理。植物材料采集后需尽快进行干燥处理，如果不能及时将花材压制干燥，需要放入盒子里保持高湿度，防止水分蒸发，也可用压花器进行预压。

（二）花材的压制

1. 花材的压制环节　　花材的压制通常包括三个基本环节：整理花材、摆放花材、定型干燥。

（1）整理花材：是为了便于压制，获得造型理想的成品。包括对过大的花托进行修剪，对像绣球、飞燕草等由多个小花组成的大型花序进行疏花，对平面性差的枝干进行解剖切分，对重瓣多的月季、牡丹之类的花进行拆瓣等。

（2）摆放花材：是将整理好的花材根据其形状、大小及造型需要进行合理摆放。尽量节省空间、提高效率，但留有空隙不重叠。本着同质归类的原则，将同一厚度或硬度、水分含量相近的花材摆放在同一层压花板中，不同厚度和硬度的花材应该分层摆放，避免压制时受力不均。为了便于压干后的收集归纳，同种花材应尽量放在同一组压花器中。

（3）定型干燥：包括吸水纸、干燥板、海绵等工具的排布，压花板的安置，绑带、弓形夹等的挤压固定。

2. 花材的压制方式　　植物形态千奇百怪，各有不同。花朵有合瓣花和离瓣花两种，主要的花形有辐射形、蝶形、漏斗形、钟形、唇形、轮状等。花材压制时需要根据花朵花形、结构、含水量等的不同采用不同的压制方法。一般来说，花材的压制有以下几种方式。

（1）整朵正压：正压是将花朵花蕊部位向上，花瓣以花蕊为中心向四周展开压制。一般适用于单瓣花或花瓣较少的复瓣花。花瓣较多的花朵需要先进行剔花，在保留完整花形的基础上，将内部的花瓣剔掉一部分，如重瓣桃花、日本晚樱、木槿等。对于筒状、钟状、唇形等合瓣花形的花朵，可以剪去花冠筒，只将花冠裂片沿中心展开压制；也可以将花冠筒保留，将花冠裂片仰角展开压制，如丁香、桔梗等。正压也是各种植物叶片压制的主要形式，只需要将叶片按照其生长平面展开压制即可。

（2）整朵侧压：几乎所有植物都可以使用侧压的压制形式。侧压需要将花朵沿上下轴线重叠，展现花朵背面的颜色和姿态，侧压时必须剔除花朵的花蕊，避免影响花瓣的干燥。若需要展现花朵的正面，可以采用半朵侧压的形式，即沿花朵上下轴线去掉一半再压制。

（3）单瓣压：也叫分解压，是指将离瓣花、重瓣花和过大的花，拆解成一片片花瓣、花蕊、萼片，如菊花、牡丹、月季等。这种方式较为简单，只需将花瓣分离出来，平整摆放在吸水纸上压制。在单瓣压制时最好也将花萼、花蕊、花茎等部位分解出来一起压制，这样在花材干燥之后，就可以在平面上组合成一朵完整的花朵，用于压花的艺术创作。

（4）剖花压：去掉花萼、雌雄蕊等花冠之外的部分，将花冠和花冠筒沿上下轴线剪开，再展开平铺压制。这种压制方式适用于合瓣型的花朵，如凌霄花、杜鹃花、泡桐花、金钟花等。

（5）花序压：一些植物花朵很小，其花序有着更高的观赏性，这种情况可以采取花序压的方式。可以进行花序压的主要有穗状花序、总状花序、伞形花序等，如接骨木、珍珠绣线菊、狗尾草等。花序压之前需要对花序进行修剪，从观赏面观察花序，将被观赏面遮挡住的多余花朵剔除。花序轴较粗的还需要用锋利小刀和镊子去除茎中的海绵体。

在实际压制中，为尽可能保留植物自然形态，便于后期创作，可将多种压制方式结合起来，以获得各种造型的花材。

> **参考案例**
>
> 　　压花器压制干花操作简单、成本低廉，是最适合普通大众压花的一种方法。下面以常见的干燥板压花器为工具，以单头月季为例，采用单瓣压的方式说明干花压制的一般步骤：①整理花材：对月季花材进行拆解，将花瓣萼片、雄蕊分别分解成单独的每片。②干燥板摆放：在桌面放置一张压花板，在压花板上放置干燥板，再放置一张衬纸。③摆放花材：将整理好的花材根据大小和形状有序地摆放在衬纸上，正面向上，尽量平展放置。为充分利用空间，先摆放大花瓣，再将小花瓣插空摆放，花瓣与花瓣之间留有间隙，避免叠压。④叠加干燥板：在摆放好的花材上依次叠放欧根纱和海绵。从干燥板到海绵是逐层花瓣的摆放压制，同一组压花器中可叠放多层，一般为6层左右。在最后一层海绵上方另外加一张压花板。⑤压制固定：用弓形夹或者绑带将两块压花板加压固定后装入塑封袋中。隔天打开整理花材，干燥板太湿时需要及时更换，一般3~5d即可压干。吸湿的干燥板可用干燥箱进行烘干，反复使用。

（三）压花作品的制作

　　压花可以与日常生活用品和装饰品相结合，具有极高的观赏价值和实用价值。压花艺术作品种类繁多，按照作品用途的不同可分为压花画类、压花卡片类、日常干花用具三大类。压花作品创作的一般步骤是立意构思、构图设计、背景处理、花材粘贴、作品装裱。

　　（1）立意构思：构思首先要立意，其次要根据立意选择表现形式。东方风格的压花艺术讲究内涵，注重思想性，因此立意体现于确立主题；西方风格的压花艺术讲究形式，注重装饰性，因此立意体现于确定基调。但无论哪种风格的压花艺术都要由一个贯穿始终的主旨来体现，这样创作出来的作品才能主题鲜明、格调统一。构思需在保障功能性的基础上进行，立意要符合情景，表现形式要得体。压花书签、压花贺卡等具有实用功能的压花作品创作多依据其用途进行构思。如压花书签体量较小，设计主要展现花材自然形态和美感。压花贺卡应依据具体的庆贺内容确定主题和表现形式，如母亲节时可以制作以母爱为主题的贺卡，新年时可以利用新年元素制作新年贺卡，此外也可制作生日贺卡或婚礼贺卡等。

　　（2）构图设计：构图时遵循的原则是压花作品的焦点不能太多，通常只有一个；压花作品的构图需要有一定的比例（画面留白、花材距离），在一幅作品中，当花材与画面留白比例为黄金比例时，作品的构图比例是最佳的；压花作品在构图时注意花材色调、数量、寓意等切合主题；对于装饰性的小型用品，构图画面需要紧凑，色彩鲜艳。构图常用方法有植物自然形态式构图、图案式构图、人物动物式构图、插花与花束式构图和风景式构图等。

　　（3）背景处理：多数压花艺术作品都需要选择合适的背景，目的是为整个作品定一个基调。背景处理的关键在于不能影响主体作品的色彩和形态，要发挥增强立体感、优化色彩表现的功能。常用的压花背景处理方式有直接背景、拼贴背景、绘制背景、压花背景等,要依据作品的立意构图选择合适的背景处理方式。压花卡片类的制作一般不需要背景设计。

(4) 花材粘贴：根据设计方案依次进行花材的粘贴,粘贴时遵照先下后上、先里后外的原则。一般选用含水量少、易干燥的酸性液胶为压花的固着剂,目前常用的胶有白乳胶和 B-7000 胶。B-7000 胶是压花行业固定花材的特殊环保胶黏剂,也是目前国内压花爱好者最常用的胶。注意胶水不宜过多涂抹,能将花材固定即可,不然花材易变色,影响观赏效果。

(5) 作品装裱：压花作品由植物材料经干燥、设计、拼贴等工艺制作而成,具有植物天然的理化特性,在保存时易受外部环境因素影响,如温度、光照、湿度等都会造成作品观赏寿命缩短,因此要做好干花作品的避光防潮、防风、除尘和防虫处理。压花作品的装裱常采用塑封覆膜保护法和真空密封镜框保护法等,将作品封存在隔绝空气的干燥环境之中,尽可能保证压花作品的品质状态。塑封保护常用于书签(图 11-1)、贺卡(图 11-2)等小尺寸压花作品,真空密封镜框保护常用于尺寸稍大的压花画(图 11-3)。

> **参考案例**
>
> 压花书签制作三步法如下所示。①设计构图：清新淡雅风格,常采用对角线式构图或植物自然形态式构图。②花材粘贴：将各花材按照设计好的构图形式依次摆放在书签上,适当调整直至协调美观,然后用 B-7000 胶进行花材的粘贴。③塑封保护：将粘贴好后的书签进行塑封、边缘修整和流苏装饰处理。

图 11-1　对角线式和植物自然形态式压花书签　　　　彩图

图 11-2　压花贺卡　　　　　　　　图 11-3　压花画

四、教学重点与难点

（一）教学重点

（1）借助压花艺术风格介绍和压花作品展示，让学生深刻感悟压花艺术的魅力所在，提升学生创造美、感悟美的能力。

（2）结合当代学生特质，将压花艺术作品制作过程与青年学生的心理疗愈需求相结合，促进学生心灵的成长。

（3）教学过程中坚持以学生为中心，不要以功利主义的态度要求学生必须掌握教学内容。

（二）教学难点

（1）教学过程中，如何激发学生对压花艺术的热爱和兴趣？如何从实践出发引导学生深入了解压花艺术？

（2）教学过程中，如何在引导学生制作作品时，减少对结果的关注，用心去感悟过程，促进自身的个性发展？

五、教学设计

（一）导入新课（5min）

通过提问导入新课，询问学生对压花艺术的了解情况，引发学生的思考和兴趣。

（二）讲授新课（20min）

（1）介绍压花艺术的概念和特点，重点讲解国内外压花艺术的发展史及不同的压花艺术风格。

（2）介绍干花产业发展概况，分析不同类型花材的压制方法和干燥技术，增进学生对压花艺术的了解。

（3）讲解压花艺术作品的设计制作步骤，培养学生的创新意识和实践动手能力，引导学生感悟生命的美丽。

（三）作品制作（120min）

（1）设计构思：通过案例的展示分析，打开学生的创作思路，引导学生依据所学的理论知识和实际参考案例，构思出自己的设计主题和构图形式。

（2）书签制作：指导学生进行压花书签的创作，及时解决学生在实际操作过程中遇到的问题，必要时给出相应建议。

（3）贺卡制作：指出贺卡制作时应当注意的问题，指导学生完成不同主题的压花贺卡的制作。

（4）其他类型压花作品的创作：可以根据学生的喜好，进行压花团扇、压花台灯和压花手机壳等形式多样的压花装饰品的制作。

（四）作品赏析（30min）

（1）作品投票评比：同学之间进行互评互比，老师和同学每人可投 3 票，不可重复。投票结束后进行统计，选出票数排名前 10 的作品。

（2）优秀作品赏析：对大家投出的排名前 10 的作品进行点评，指出其优缺点并提出针对性的改进建议。

（五）课后答疑（5min）

对本节课的教学内容进行简单总结，鼓励学生提出自己的问题和疑惑，全班共同探讨解答。同时，对学生的表现进行评价和鼓励，激发学生的学习热情和积极性，最后完成对课后练习思考题目的探讨。

六、思考与练习

（1）结合理论学习和实践创作，还有哪些艺术体现了雅致生活的理念？这些艺术形式是如何将自然界的生命融入日常生活的？

（2）在生活中还有哪些场景或物品可以融入生命元素，从而营造一种雅致、宁静的生活氛围呢？

（3）上述讨论思考中的艺术形式中，生命元素是如何激发人们对自然与生命的敬畏之情的？谈谈自然的生命力和美丽是如何触动你的心灵，以及这种体验是如何影响你对自然与生命的看法的。

七、拓展阅读

（一）多媒体资源

（1）"压花艺术基础"（华南农业大学公开课）。
（2）"压花艺术——发现植物之美"（华南农业大学公开课）。

（二）图书资源

（1）陈国菊，赵国防. 压花艺术[M]. 北京：中国农业出版社，2009.
（2）赵冰. 干花艺术[M]. 北京：中国林业出版社，2022.
（3）朱少姗. 静物创意压花艺术[M]. 北京：中国林业出版社，2021.
（4）计莲芳. 艺术压花制作技法[M]. 北京：北京工艺美术出版社，2005.
（5）陈国菊. 跟我学——图解压花（押花）用品制作[M]. 北京：化学工业出版社，2014.

八、教师札记

压花着力体现植物的自然风貌和韵味，具有独特的魅力且可以长期保存，应用压花装饰美化生活，已成为当今人们追求的一种时尚。因此压花制作艺术的发展，对于进一步促进我们花卉产业的发展和提高人民生活品质具有极其重要的意义。压花艺术课程和插花艺术、盆景艺术等课程一样，对于提高学生创造美和欣赏美的能力，促进学生的个性发展，培养学生的人文素养和综合素质具有良好的促进作用。

压花能让学生尽情地感悟植物非凡之美。在作品制作环节，通过制作各类干花艺术品，学生可以在放松身心的同时充分感受到植物的形态、颜色、质感及纹理之美，并把植物的美通过压花艺术品的形式永久定格下来。这个过程可以让学生充分体会到发现美、创造美、感受美和欣赏美的乐趣，从而可以更好地完成高校以美育人、以美化人、以美培元的育人目标，进一步增强学生的创新意识及工匠精神，提高学生艺术修养和审美能力，从而培养学生对专业、对大自然、对生命和对生活的热爱。

本次课程旨在通过亲手制作艺术作品，引导学生感受生命的美好与雅致生活的魅力，深入理解各类艺术形式与雅致生活之间的紧密联系；通过实际操作和创意表达，不仅感受到生命的美丽与独特，还将艺术融入日常生活，提升生活品质与格调；同时培养学生对自然与生命的敬畏之情，不仅加深了学生对自然与生命的理解，还提升了他们的审美能力和艺术修养。

九、主要参考文献

陈媛华，杜欢，侯苗苗. 压花艺术用品设计及应用研究[J]. 现代园艺，2019（5）：87-90.
付惠，林萍，刘祥义. 干花染色技术研究[J]. 北方园艺，2009（7）：198-200.

付丽童. 植物压花效果评价与干燥保色技术研究[D]. 杨凌：西北农林科技大学，2023.

葛琪. 压花艺术在家具设计中的应用[D]. 北京：北京化工大学，2022.

洪波. 压花艺术的风格与构思创作[J]. 园林，2012（7）：88-91.

洪波. 压花艺术的制作工艺[J]. 园林，2012（11）：84-87.

洪波. "压花艺术"的起源与发展[J]. 园林，2012（5）：84-87.

李芬，吴文霖，祝剑峰. 干燥花制作技术[J]. 安徽农学通报，2020，26（12）：37-38.

李嘉颖. 牡丹压花创作与技艺探索研究[D]. 杨凌：西北农林科技大学，2022.

李莹莹. 中国压花艺术发展现状及展望[J]. 中国园艺文摘，2016，32（11）：63-65.

刘颖，郭琼，陈国菊. 压花艺术在现代家具设计中的应用[J]. 包装工程，2020，41（18）：318-325.

石秀丽. 与中国绘画相结合的压花艺术设计初探[D]. 重庆：西南大学，2011.

孙阳阳. 月季永生花加工工艺研究[D]. 泰安：山东农业大学，2016.

王秀琴. 植物干燥花的特色及应用[J]. 西北园艺，1998（6）：30.

曾文娟，徐雪桐，唐诗，等. 中外压花艺术的起源、发展与推广传承[J]. 现代园艺，2021，44（15）：57-60，94.

张文秀，陶俊，柴颂华. 浅谈压花艺术用品设计及应用[J]. 轻纺工业与技术，2020，49（2）：45-46.

张颖倩，刘云，尚爱芹. 牡丹压花作品制作工艺[J]. 中国花卉园艺，2022（3）：49-53.

赵国防. 家庭简易压花[M]. 天津：天津科学技术出版社，2006.

赵娟. 植物手工疗愈让每个人成为生活艺术家[J]. 园林，2018（12）：24-27.

Falzari L，Menary R，Dragar V. Feasibility of a chamomile oil and dried flower industry in Tasmania[J]. Acta Horticulturae，2007（749）：71-79.

第十二章 生命与内心探索：以表达性艺术疗愈体验为例

一、学习目标

● 理解表达性艺术治疗的基本概念和理论基础，通过艺术创作来表达和处理情绪和心理问题。

● 能够根据研究生群体的特定需求（如学术压力、职业规划迷茫、人际关系挑战等），设计并实施一次小型艺术治疗活动。

● 分析并讨论至少两个具体案例，展示表达性艺术治疗在帮助研究生处理生命困惑和压力方面的应用效果。

● 学习并实践至少一种跨文化或跨领域的艺术表达形式，以增强生命教育的全球视野和多元视角。

二、背景资料

（一）表达性艺术治疗的历史和理论基础

表达性艺术治疗（expressive arts therapy，EAT），是一种以艺术为基础的，跨学科、综合性的心理治疗方法，也称表达疗法、多式联动表达疗法和创意艺术疗法等。表达性艺术治疗的起源可以追溯到古代人类在没有发达语言的情况下，通过艺术创作来表达和沟通复杂的情感和经验。这种行为不仅帮助早期人类适应环境，还促进了人类意识的扩展。随着时间的推移，艺术创作逐渐被认识到可以作为一种治疗手段，尤其是在心理健康领域。

表达性艺术治疗的前身是20世纪60年代兴起的艺术治疗。艺术治疗是一种特殊的心理治疗。一般的心理治疗都是以语言作为沟通和治疗的主要形式，而艺术治疗更强调视觉符号或意象这些人类最自然的交流形式。表达性艺术治疗结合了艺术创作与心理治疗元素，整合了不同艺术形式，除了视觉艺术，还包括音乐、手工制作、书写、戏剧、舞蹈等形式，通过艺术形式促进个体的情感表达和心理疗愈。表达性艺术治疗尊重美的必要性，并将生活本身视为一种艺术创作行为，其治疗过程综合使用故事、仪式、音乐、舞蹈、戏剧、诗歌、想象力、动作、梦境、符号、视觉艺术等组合为手段，通过体验艺术的表达性而实现心理治疗。表达性艺术治疗师会在不同主题中运用多种或多门艺术门类进行整合疗愈，因此，表达性艺术治疗是一种整合性较强的艺术形式。

表达性艺术治疗已成为艺术治疗中一个独特的领域研究方向。1970 年，美国学者建立表达性艺术治疗工作室，结合音乐、器乐、舞蹈、诗歌创作、戏剧等艺术表达形式进行治疗。1973 年，美国莱斯利学院（现莱斯利大学）首次开设艺术治疗研究生课程，次年开设相关研究生教学课程，并不断探索借助不同形式的艺术表达提高治疗效果与成效。1980 年，美国艺术治疗师建立相关协会，并将其协会更名为表达性治疗协会。1994 年，国际表达性艺术治疗协会（International Expressive Arts Therapy Association，IEATA）成立。此协会吸引了一批教育学者、艺术家、心理治疗师加入其中，继续支持艺术治疗并将艺术表达开拓实践。

表达性艺术治疗因为是一种非言语的心理治疗方法，最初用于儿童心理治疗。随着时间的推移，这种方法被广泛应用于成人和团体心理治疗中。表达性艺术治疗强调的是通过艺术创作过程中的自我表达和探索，来达到心理治疗的目的。这一理论基础认为，艺术创作能够激发个体内在的情感和记忆，从而帮助他们处理和解决心理问题。表达性艺术治疗具有多样性、体验性和创造性，不同的艺术形式可以触及不同的感官体验，从而满足不同个体的需求。个体的不同感官与不同感受相联系，就有不同感官记录事件的方式。因此对于听觉更敏感的个体则适用音乐疗法，对动觉有感觉的个体适用身体舞动；对书写更有触动的个人适用写作疗法；对图形图像更为敏锐的个体适用绘画治疗；对触觉敏感的个体适用箱庭疗法等。研究表明，表达性艺术治疗是一种有效的心理治疗方式，具有多种形式，并在心理治疗、咨询和心理健康教育中发挥着不可替代的作用。

表达性艺术治疗体现以人为本，或者说以来访者为中心，这也是卡尔·罗杰斯提出的，强调咨询师在倾听来访者个人或团体的内在声音、帮助来访者成长时，要开放、共情、尊重、平等、友爱，并秉持"每个人都有价值、有尊严和自我导向的能力"。他认为，一个个体内在是有自我发展的潜能的。这也是表达性艺术治疗的基础。

荣格也做了很多创新研究，其中与荣格的积极想象相联系的就有许多是关于如何将艺术表达与图形运用到心理治疗中的内容。荣格在运用积极想象的时候几乎使用到了所有的艺术形式。他称自己的疗法为"积极想象"而不是艺术治疗、舞动治疗或表达性艺术治疗。荣格用素描、绘画、舞蹈、戏剧和其他一些创造性的表达方式将心理的内容"被觉知到并呈现出形态"。当与特殊意象相处时，荣格看到了并跟随着创造性想象的指引。通过这些经历，荣格意识到个体该如何用艺术将模糊的内容转化为看得见的形式，从而清晰化；同时也意识到，艺术表现的身体动作可以解决思维无法感知到的问题。荣格的心理疗法与表达性艺术治疗有着天然的联系，强调内在经验的表达和整合。

因表达性艺术治疗的过程需要整合，需要借助多种工具和艺术媒介，因此针对不同群体可以组合出不同的表达形式，进而出现了不同模型，这些模型帮助治疗师进行治疗目标和治疗过程中的艺术媒介组合和变化。具有代表性的模型有表达性治疗连续系统和创意轴模型。表达性治疗连续系统和创意轴模型是艺术治疗领域的重要理论框架，是通过多元化的媒介和方法来促进个体的情感、认知和象征表达，从而达到治疗效果。

表达性治疗连续系统（expressive therapies continuum，ETC），是一个综合性的理论架构，涵盖了从行为到象征、情感到认知的多个维度。它为表达性艺术治疗中的具体操作提供了明确的指导，包括何时、何地及如何进行治疗。表达性治疗连续系统的结构基于信息处理之间的关系，并通过修改任务复杂度、任务结构和媒体属性来提供综合处理。表达性治疗连续系统主要包含四个部分：一是情感构成要素，二是认知构成要素，三是象征构成要素，四是创意层级。表达性治疗连续系统不仅提供了一个理论框架，还指导实际的治疗过程。通过评估个体的偏好与喜好，治疗师可以决定治疗的方向，从而更有效地进行帮助。此外，表达性治疗连续系统还强调了个别治疗的重要性，确保每个个体都能得到适合其特定需求的个性化治疗方案。

创意轴模型是表达性治疗连续系统的一个重要组成部分，它将创造力视为一个"维度"，而不是单独的"级别"。这种区分有助于更准确地描述创意在不同层次上的表现形式。创意轴模型强调创作过程中独特性和个体差异，避免了将创造力简化为单一层次的做法。创意轴模型在表达性艺术治疗中的应用非常广泛，它不仅用于评估和指导治疗过程，还用于理解和促进个体的创造力发展。通过创意轴模型，治疗师可以更好地把握患者在不同创意层次上的表现，从而提供更有针对性的支持和引导。

表达性艺术治疗不仅仅局限于西方的传统形式，还整合了叙事疗法、积极心理学疗法、系统排列等多种方法。这种整合性方法能够更好地适应不同文化背景下的需求，因为它提供了一个更加灵活和多元化的框架来处理复杂的心理健康问题。

（二）表达性艺术治疗分类

表达性艺术治疗的基本机制是通过想象和其他形式的创造性表达，帮助个体激发和利用内在的自然能力进行创造性的表达。该方法通过非口语的沟通技巧来释放被言语所压抑的情感经验，处理个体的心理问题。能够更好地促进自我表露、自我觉察、情绪成长及人际关系的提升，解决内部心理冲突。

表达性艺术治疗的具体方法有音乐治疗、舞动治疗、沙盘游戏治疗、心理剧治疗等。

1. 音乐治疗　　音乐治疗既是艺术，也是科学，又是一种人际互动的过程，还是一种治疗的形式。作为新兴学科，音乐治疗还处在不断发展的过程。作为艺术，它是一种主观的、个性的、创造性的和审美的。作为科学，它是客观的、共性的、可重复性的和科学的。作为人际互动的过程，它强调了共情、亲密、沟通交流、互相影响及角色关系。音乐疗法通过音乐来表达和处理情感，可以帮助个体通过音乐来释放被言语所压抑的情感，促进情绪的释放和心理的恢复。

中国在古代就有关于音乐与健康关系的文献。《黄帝内经》把五音归属于五行，从而影响五脏的功能活动，同时也与人的五志相连。五音，即"宫、商、角、徵、羽"；五行，即"木、火、土、金、水"；五脏，即"肝、心、脾、肺、肾"；五志，即"怒、喜、思、忧、恐"。《素问·金匮真言论》中记录了五音与脏腑功能的关系："宫动脾、商动肺、角动肝、徵动心、羽动肾。"《史记·乐书》记载有言："故音乐者，所以动荡血脉，通流精神而和正心也。"

认知与脑科学相关研究表明，下丘脑在情绪和动机的形成上具有至关重要的作用。而音乐的和声、力度、节奏、旋律、速度变化产生的音乐信号，均可以产生音乐情绪反应，而这种音乐情绪反应通过下丘脑网状结构会激活副交感神经系统，产生相关生理反应，进一步进行大脑评估、音乐感受，从而进入放松状态。

音乐治疗的干预方法可分为 10 个类别，分别是共情、调整、联系、表达、沟通、反应、探究、影响、动机和肯定。而音乐治疗与其他相关艺术结合时会产生表达性活动治疗、创造性艺术治疗中的音乐及表达性心理治疗。音乐治疗形式分为个体音乐治疗和集体音乐治疗。音乐治疗的技术分为接收式音乐治疗（歌曲讨论、音乐回忆、音乐同步、音乐想象、非引导性音乐想象等）、再创造式音乐治疗和即兴演奏式音乐治疗。心理治疗领域的音乐治疗模式主要有海伦·邦尼的音乐引导想象、鲁道夫-罗宾斯音乐治疗、心理动力学流派的音乐治疗和行为学派的音乐治疗。

2. 舞动治疗　　舞动治疗又称舞蹈治疗、舞蹈动作治疗，即利用舞蹈或即兴动作的方式治疗个体在社会、情感、认知及身体方面的问题，从而增强个体意识、改善心智。在舞动治疗中，舞蹈被理解为一种广义的肢体语言，而不仅仅是传统意义上的舞蹈演出。这种治疗方式侧重于通过身体动作来表达和探索个体的内心世界。它不要求参与者具备任何舞蹈技能，而是鼓励他们开放心灵、展开双手，以肢体为媒介去挖掘和培养自我内在的创造力。这样的过程有助于促进个人的身心发展与治愈。

在原始社会中，人类便通过舞蹈进行沟通交流、释放情绪、表达情感。但舞动治疗作为一种疗法，起源于 20 世纪 50 年代。美国舞动治疗协会（ADTA）将舞动治疗定义为：在心理治疗中使用动作，以促进个体情绪、社会、认知和生理整合。在舞动治疗实践中，治疗师与参与者通过观察和模仿具有表现力的动作，共同探寻个人的内心活动。这种治疗方法将身体动作作为主要的沟通和表达手段，其中的技巧包括动作的共情与反射、非言语交流及互动等。这些技巧是治疗过程中解读和回应服务对象的身体动作、内心想象、情感状态、语言或声音的基础。从童年开始，许多未被表达的情感被埋藏在身体的各个部位。许多人选择不去表达这些情感，随着时间的推移，这些积压的感觉可能转化为各种身心健康问题，甚至导致疾病或成瘾行为。身体承载着我们生命体验的全部，通过舞动治疗，那些深藏在身体记忆中的情感得以逐渐释放和表达。舞动治疗是现代舞蹈艺术和心理学的结合，是一种将情绪、情感注入舞动、舞蹈当中的艺术治疗。

在舞动治疗的领域内，存在着多种分类方法，这些方法根据不同的标准将舞动治疗划分为多个分支。这些标准包括心理学理论、治疗方法、治疗对象的种类及治疗的目标等。因此，舞动心理治疗法的名称也因其所属的分类而有所不同，像发展性舞蹈治疗、心理动力舞蹈治疗、格式塔动作治疗、精神分析舞蹈治疗、人本主义舞蹈治疗、心理戏剧动作治疗、全息生命舞蹈治疗等。

舞动治疗师与被治疗者不是教与学的关系，而在舞动中，被治疗者才是主体。治疗师则是"容器""镜子""陪伴者""催化剂"。在舞动治疗过程中，共有"准备－孕育－领悟－评估"四个阶段。准备阶段即热身。孕育阶段常被认为是"治疗过程"。领悟阶段仿佛是治疗者有所感受和觉察。评估阶段则为治疗师与被治疗者双方共同探讨过程的阶段。

3. 沙盘游戏治疗　　沙盘游戏治疗又称箱庭疗法，是一种利用游戏的机制来进行心理辅导或治疗的方法。沙盘游戏疗法的历史可以追溯到 19 世纪初。1911 年，威尔斯记述并撰写了两个儿子在家中地板上利用各种小型玩具，在限定的空间里创造美妙的微缩世界的游戏过程，并评论说这些游戏可以为孩子建立一个广阔、激励人心的世界。瑞士荣格心理分析师朵拉·卡尔夫以荣格分析心理学为基础提出了"沙盘游戏"的治疗方法。在以沙盘为焦点的有限环境中,参与者通过使用沙子、水及各种小物件,可以毫无拘束地展现自己的内心世界。在这个过程中,治疗师扮演着既是游戏伙伴又是守护者的角色,以一种充满尊重和支持的姿态,协助来访者维护游戏的时间、空间等界限与规则。在游戏中,来访者的外部现实经验与内在自我感受连接起来,在意识与无意识之间搭起沟通的桥梁。

沙盘游戏玩法主要有基本沙盘游戏、结构化沙盘游戏、团体沙盘游戏这几类。其具体操作流程主要为:创造沙盘世界、体验和参与、制作沙盘作品、反思与交流。尽管沙盘被称为"非言语的心理治疗",但是沙盘作品图画在"说话",它使用的是符合无意识心理学的象征性语言。当一个符号或文字包含着超出一般和直接意义的内涵时,便具有了象征或象征性的意义。不同的动物有着不同的象征,如狮子象征勇猛和攻击性,绵羊象征温顺和无辜等。不同的颜色能够使人产生不同的联想,具有不同的象征意义,如红色与血液、兴奋、冲动,蓝色与天空、海洋、平静与深远等。正如卡尔夫所强调的那样,对于沙盘游戏分析师来说,理解沙盘游戏中的象征,也就等于掌握了从事沙盘游戏治疗的有力工具。

沙盘(内壁)长 72cm、宽 50cm、深 8cm,沙盘内壁和底一般是淡蓝色。把沙子拨开,蓝色就可以作为场景中的水域;也可以把水加到沙中,让沙子塑形,做成来访者想要的形状。沙子有粗沙、细沙、白沙、黄沙等各种颜色。沙架上也摆放着沙具,这些物件包括人物类、动物类、植物类、建筑类、家具用品类、交通工具类、食品食物类和其他类别。物件既包含现实中的物品,也有想象中的物品,以便更好地表达心理层面的象征意义。

4. 心理剧治疗　　心理剧是由美国心理治疗师莫雷诺提出,通过戏剧形式让参演者扮演不同角色,以心理冲突情景下的自发表演为主,将情绪问题与心理冲突呈现在舞台上,通过情绪宣泄来消除内心的压抑,增强个体的自我觉察与自我成长。心理剧主要由几个部分组成,有舞台、导演、男主角或女主角、配角和其他团体成员。通过个体对角色扮演时内心期待的觉察,就会产生相应的行为改变。

心理剧治疗是一种团体治疗方法,是心理剧在治疗层面上的应用。因此,心理剧治疗是以戏剧形式的团体心理治疗,团体成员并不以围坐成一个"神奇的圆圈"这样的形式开展生活中问题的讨论,而是运用动作技巧将生活带到舞台上,让每位团体成员成为剧中的角色、扮演戏剧中的演员。在演出的过程中,每个人会运用自身的自发性、创造力,通过团体动力找到问题的解决方案。

心理剧治疗的特点有四个方面:一是强调以"行动"来"体验"生命而非谈论问题;二是强调音乐、美术等多元素与咨询技术的整合;三是强调内容的自发性与创造力;四是强调团体中互动的关系。心理剧治疗风格包括艺术心理剧和螺旋心理剧。

心理剧治疗常用的技术有热身技术、社会测量技术、演出常用技术。热身技术包含导演的热身、成员的热身、主角的热身。社会测量技术包含莫雷诺社会测量法、社会测量的主要方法(光谱图、行动式的测量、中心社会测量等)。演出常用技术包含角色互换、独白、替身、多重角色、空椅子技术、角色扮演、雕塑技术、未来投射技术、镜观技术等。

心理剧治疗的流程包括热身、演出、分享三个环节。而如果是训练团体还会增加审视环节。

三、教学内容

表达性艺术与情绪疗愈体验课是以团体心理辅导为基础，根据樊富珉（2010）的团体三阶段观点，团体辅导的过程分为团体初创阶段、团体工作阶段和团体结束阶段。

在团体初创阶段，有些团体的成员彼此是不认识的，会产生担心、恐惧、紧张等情绪，也会出现尴尬、沉默、好奇和期待等情绪。这时，信任和安全感的建立是最重要的。因此，团体初创阶段就是通过热身互动迅速让成员彼此建立联系，打破隔阂，同时设定规则和契约，产生团队，建立安全感、信任感。接下来，团体工作阶段是关键阶段。经过前期团体的形成，在第二阶段的团体辅导中，特别强调要形成一个具有治疗功能的关系，这样个体的改变才能发生。而其中最重要的决定因素就是团体的氛围。通过主题的设计让每个人能够在艺术作品创作中释放、增进自我觉察。在团体结束阶段，要做好每个人对于团体的不舍情绪的整理，让大家看到在表达性艺术治疗过程中的成长、收获、进步，同时用科学的方法评估效果。

（一）表达性艺术疗愈初创阶段

初创阶段是融洽氛围、建立规则、为后续工作阶段打好坚实基础的重要环节。初创阶段是整个表达性艺术疗愈体验的开始。尤其是彼此不熟悉或者不认识的成员，刚开始会有拘束，整个团体结构是松散的，大家的人际沟通呈表面化，成员内心都有较为复杂的情绪体验，互相也是矛盾的。在这个阶段中，引导成员进入团体，打破彼此间的隔阂，做好"破冰"环节，有利于后续每位成员的成长与改变。

初创阶段可以通过整合表达性艺术治疗手段，根据群体的特点，设置不同形式的互动练习，让每位成员通过行动创造彼此信任的氛围，从而带动整个团体的发展。通过表达性艺术治疗手段促进每个人学习表达个人的感受、观点、想法。当个体感受到被包容、被接纳的安全感和信任感之后，就会慢慢有自我突破，加强彼此之间的联结，促进团体的凝聚力。接着，每个人就会通过艺术创作或者其他方式更加迫切地期望去表达自己、去表达与团体有关的内容，这样团体动力就会慢慢浮现，个体行为的改变也会慢慢显现。

初创阶段还会涉及小团体的形成及大团体的规则。确定大团体或小团体的结构、促进互相熟知、建立规范规则、形成小团体领导者等，都十分必要。一开始可能会有人表现出被动、阻抗、不信任、误解的现象，随着表达性艺术治疗环节的加入，可以让大家迅速带着议题敞开心扉，由表及里，由浅入深，开放自己，包容他人，逐渐形成安全感、信任感。

在初创阶段，带领者也可以使用一些开启技术，激发成员的参与感，转化为积极的团体动力。例如，带着自己的议题抽取一张 OH 卡牌（又称潜意识投射卡），根据图案卡或人像卡中的内容进行自我介绍；或者通过手工制作，做出一个最能代表自己的手工作品，并给大家做推荐。

如果团体人数较多，可以进行分组，根据不同的组合方式，形成小团体，激发小团体的动力，促进大团体的整合。例如，可以通过内外圈组合分成两圈，根据播放的音乐和不同的内外圈动作面对面舞动，内圈逆时针舞动，外圈顺时针舞动，音乐停止后对面的两人进行熟悉认识，几轮后停止舞动，然后分组；或者提前按人数准备好不同颜色的卡纸（或彩笔），根据颜色组合分组，可以是同样颜色为一组，也可以是颜色的搭配、绘画创意组合，以及手工作品形成新的颜色、图案或造型等。

> **参考案例**　　　　　　　**"轻黏土遇到心理学"初创阶段**
>
> 　　带领者根据人数准备好不同颜色的超轻黏土块，如果共分三组，则准备三组不同颜色的材料，每组颜色数量尽量平均。将材料不按任何规律摆放在工具台上，让全体成员自由选择并落座。
> 　　带领者：提到红色，大家会想到什么？为什么选择红色的黏土？
> 　　接着，邀请选择红色材料的成员，一一自我介绍并表达选择时的感受。带领者也可以自由邀请其他没有选择红色材料的成员表达原因或感受。
> 　　带领者：拿着红色的材料，会感受到什么样的情绪？
> 　　带领者：此时此刻，在这个活动中，有什么感受和情绪？
> 　　接着一个个问其他的颜色。
> 　　最后选择同一颜色的成员成为一组，选出领导者等角色，制定小团体规则并取小团体名、进行小团体分享。

（二）表达性艺术疗愈工作阶段

工作阶段是迅速增强凝聚力，以及成员产生情绪变化、自我觉察和改变、自我表露、认知重建的重要阶段。在此阶段中，带领者要进一步协助成员更深入地认识自己、帮助他人、善用对峙技术并把领悟转为行为，从而让成员在团体动力中更有效地解决个人问题。

在工作阶段中，带领者可以通过表达性艺术治疗手段整合不同的方式和方法，融入巧妙的技术，使成员全身心投入、坦诚相对、认真参与讨论、为他人提供支持和帮助。带领者需要看到每个小团体（或者照顾到每位成员）的进度、成员发言的情况、非言语的表达（面部表情或身段表情等），适度地提醒或介入小团体，但不要介入过多，保证小团体顺利进行讨论和分享即可。

讨论和分享是特别重要的内容。大团体或小团体可以采用头脑风暴式、辩论式、角色扮演式、即兴表演式等方法，根据适合的主题整合不同的技术手段。例如，将OH卡牌结合"约哈里窗口"更好地认识自我；绘画技术融入"我的生命价值树"练习，画说生命价值；通过五谷画作品创作，品味情绪与身体的关系；用剪贴画觉察不同身份角色的责任感等。

> **参考案例**　　　　　　　**"轻黏土遇到心理学"工作阶段**
>
> 　　带领者：在所有材料包中选择三种不同颜色的轻黏土创作三个纯色作品，分别代

表过往经历中的一种情绪、此时此刻的一种情绪和未来某事件发生后可能产生的一种情绪。接着选择两种不同颜色，制作一个最能表达内心复杂情绪的作品。小团体内一一分享创作过程，包括作品代表什么，当时想到什么，为什么捏出这样的形状或作品等。

小团体制作完毕后，一一分享，每组领导者在大团体内分享小组过程。

带领者：给所有刚才创作出的"情绪"作品，制作一个"情绪容器"，使所有的作品都能够被接纳、被包裹。

小团体内分享创作后，领导者或发言人在大团体内分享过程（图12-1）。

图12-1　情绪容器作品　　　　彩图

带领者：每个小团体的所有"情绪容器"根据小组成员智慧的开发，自由摆放艺术作品的位置，创作出一个完整的故事，并给故事命名。故事要有"起承转合"和情绪的变化，名字要贴合活动主题。故事在讲述过程中可以加入背景音乐、诗朗诵等，并且小组成员最后要与艺术作品融为一体，通过身体舞动展现出故事的完整性。

小团体讨论后，每组在大团体中讲述故事。

（三）表达性艺术疗愈结束阶段

结束阶段会出现一定的离别情绪，也会对现实生活产生担忧。因此在结束阶段要很好地处理离别情绪，协助成员预备适应现实生活，鼓励成员将学习到的理论运用到实践当中。当然，也可以给予一定的反馈、评估。最重要的是让成员认识到想要做出的行动和改变。

在结束阶段，可以采用成员回顾团体经验，对比初相识时的破冰活动，也可以让成员之间给予反馈或自我评价等。例如，回顾最开始做的艺术作品，此时此刻的感受或者想对自己说的话，想对其他人说的话；再重新选择一张 OH 卡牌，还会是最初的那一张卡牌吗？为什么？

结束阶段还可以进行评估。通过标准化心理测评、调查问卷、追踪访谈等手段，促进表达性艺术疗愈工作进步。

参考案例　　　　　**"轻黏土遇到心理学"结束阶段**

带领者：用所有提供的材料，包括相框、剪刀、镊子、轻黏土等，回顾生命中的过往经历事件、寻找到触动最深刻的感受，制作出你所有的情绪（包括正性、负性的情绪），可以是立体的作品，也可以是平面的作品。

制作完毕后，小团体内讲述创作历程，并分析正性、负性情绪的应对及感受。成员可以给予鼓励性反馈和回应（图 12-2）。

彩图　　　　　　　　　　　图 12-2　情绪收纳作品

全部分享结束后，全体成员再次选择一种颜色的轻黏土，并表达自己结束时的感受和体会。

四、教学重点与难点

（一）教学重点

（1）学生深入理解表达性艺术治疗的定义、发展历程、主要理论等，以便能够在实际中运用。

（2）学生学习和掌握各种表达性艺术治疗技术，如绘画、音乐、舞蹈、戏剧等，并学会根据不同的情境和个体需求选择合适的艺术表达方式，促进自己身心健康发展。

（二）教学难点

（1）在理解和掌握理论知识的基础上，通过实践和体验，提高自我认知和情绪调节能力，增强情绪管理能力、自我认知能力。

（2）在掌握技术和方法的基础上，通过创作和欣赏艺术作品，感受美的力量，从而达到促进身心健康的目标。

（3）引导学生发掘和发挥自己的创造力，培养学生的艺术鉴赏能力、审美情趣和感悟生命美好的能力。

五、教学设计

（一）导入新课——初创阶段（35min）

通过热身活动、提问、分享导入新课，了解学生对表达性艺术的认识情况，促进学生彼此间关系的迅速建立，引导学生投入到课堂中并对表达性艺术疗愈产生兴趣，通过破冰环节打破学生之间的隔阂，建立安全感、信任感。

（二）讲授新课——工作阶段（110min）

（1）介绍主题与表达性艺术疗愈工作方式，重点讲清楚工作规则。

（2）大团体或小团体开始制作艺术作品，并开展思考、分享交流环节；重点成员要通过艺术作品促进情绪觉察、分享与表达情感、互相交流反馈，进而通过觉察改变认知，促进行动的变化。

（3）讲解情绪身心一体性，用团体动力促进学生寻找到"与情绪和解"的方式方法，进而通过艺术作品的创作，接纳自我、悦纳自我。

（三）结束阶段（35min）

通过离别情绪处理与成员间的鼓励和反馈，做好表达性艺术疗愈团体的告别。

六、思考与练习

（1）引导学生深入反思自己在日常生活中可能遇到的具体情绪问题，如学术压力导致的焦虑、未来规划不确定感引发的迷茫，或是人际关系中的冲突等，要求学生将这些情绪问题具体化为可操作的情境描述。

（2）鼓励学生运用所学的表达性艺术治疗技术，如绘画、音乐创作、诗歌写作、黏土雕塑等，来探索和表达这些情绪。例如，学生可以绘制一幅反映焦虑情绪的抽象画，编写一首描述迷茫心境的诗，或者通过即兴演奏表达内心的冲突。完成后，鼓励学生分享自己的创作过程、所选择的艺术形式及创作过程中的情感体验，讨论艺术如何帮助他们更好地理解和管理自己的情绪。

（3）组织学生进行心理剧、角色扮演或模拟练习，选取与研究生生命教育相关的主题，如面对失败后的心理调适、职业选择的困惑与抉择、生命意义的探索等。将学生分为小组，每组负责一个主题，通过剧本编写、角色分配、排练到最终表演的全过程，深入体验和理解不同情境下的生命挑战。

七、拓展阅读

（1）玛考尔蒂. 艺术治疗资源手册[M]. 北京：中国轻工业出版社，2022.

（2）格斯特. 情绪彩虹书：CBT艺术疗愈完全手册[M]. 北京：中国人民大学出版社，2021.

（3）加宁，福克斯. 涂鸦日记——比文字更有力的心理疗愈法[M]. 北京：人民邮电出版社，2016.

（4）卡帕基奥. 释放内在的小孩——情绪的艺术疗愈[M]. 北京：中国人民大学出版社，2020.

（5）拉帕波特. 聚焦取向艺术治疗——通向身体的智慧与创造力[M]. 北京：中国轻工业出版社，2019.

（6）布查尔特. 艺术治疗实践方案[M]. 北京：世界图书出版公司，2006.

（7）高天. 音乐治疗导论[M]. 北京：世界图书出版公司，2008.

（8）张日昇. 箱庭疗法的心理临床[M]. 北京：北京师范大学出版社，2016.

八、教师札记

在高校感悟生命课程中，有效地将表达性艺术治疗技术融入教学环节中是十分有效的。这一技术的引入很好地提升了学生的思考积极性，能够充分地将学生的热情、兴趣、注意力集中到课堂体验中，也可以将心理学知识、思想政治教育内容以"润物细无声"的方式渗透到各环节中，从而激发学生的创造力、感悟力、行动力，做到知行合一。学生通过真正的实践和体验，能够将知识从认知层面跃迁到情感升华及行动指导层面，对于学生感受生活的美好、感悟生命的珍贵、感恩生命都有显著提升的效果。

场域和环境氛围也是非常重要的资源，教师可以积极挖掘并整合校内外资源，如利用校内乐队、艺术团器乐开展音乐治疗；通过话剧团、舞台资源开展戏剧治疗；通过校园资源环境、场站、科技小院等平台开展园艺治疗、绿色康养疗愈等。这些丰富多彩的工作坊与体验沙龙，可以增加学生对表达性艺术治疗的兴趣，拓宽学生的艺术视野，从而提高感悟生命的实际效果，激发他们对生命教育的浓厚兴趣与深刻共鸣。

此外，教师还应考虑到不同学生群体（如本科生、研究生群体，已婚、未婚群体，男性、女性群体，党团支部、导学团队群体等）的需求和偏好，提供多样化、多元化的艺术治疗选项，整合多种形式的艺术创意活动，以满足更广泛学生群体的需求。也可以提供"菜单式"的课程资源,供学生群体选择。

九、主要参考文献

芭芭拉. 沙盘游戏疗法手册[M]. 北京:中国轻工业出版社,2016.

陈嘉婕,宋文莉,李红菊,等. 表达性艺术治疗对大学生抑郁焦虑情绪干预探讨——以北京师范大学为例[J]. 艺术教育,2021(12):38-41.

樊富珉. 团体心理辅导[M]. 上海:华东师范大学出版社,2010.

高天. 音乐治疗学基础理论[M]. 北京:世界图书出版公司,2007.

海兹. 表达性治疗连续系统——运用艺术于治疗中的理论架构[M]. 台北:洪叶文化出版社,2018.

蒋惠君,马琛. 表达性艺术治疗的源起、应用与展望[J]. 新美术,2023,44(5):225-229.

刘嵋. 校园心理剧团体心理辅导与咨询[M]. 北京:清华大学出版社,2011.

米克姆斯. 舞动治疗[M]. 北京:中国轻工业出版社,2009.

申荷永,陈侃,高岚. 沙盘游戏治疗的历史与理论[J]. 心理发展与教育,2005(2):124-128.

王萍,黄钢. 沙盘游戏应用于临床心理评估的研究进展[J]. 中国健康心理学杂志,2007(9):862-864.

Natalie R. The Creative Connection:Expressive Arts as Healing[M]. Palo Alto:Science and Behavior Books,1993.

Shaun M. Intergrating the Arts in Therapy[M]. Springfield:Charles C Thomas Pub Ltd,2009.

第十三章 生命与心灵成长：以自我效能提升为例——"心"力量，新成长

一、学习目标

● 理解自我效能感的定义，认识到它是个人对自己能否成功完成某项任务或达成某个目标的信念与预期。

● 强调自我效能感在大学生学习、研究、社交及未来职业规划中的重要性，理解它如何作为内在动力，推动学生积极面对挑战，勇于探索未知。

● 分析影响大学生自我效能感的多种因素，包括过往经验、社会支持、情绪状态及个人价值观等，理解这些因素如何相互作用，共同塑造个体的自我效能感。

二、背景资料

（一）自我效能感的含义

一位教授找来9位参与者进行了一个实验。教授告诉参与者："你们即将走过一座有些曲折的小桥，但请放心，桥下只是一些水，即使掉下去也不会有危险。"在教授的鼓励下，9位参与者都顺利地走过了小桥。

随后，教授打开了一盏黄灯，透过黄光，参与者们惊讶地发现桥下不仅有水，还有几条正在游动的鳄鱼。这突如其来的发现让他们惊恐不已，庆幸自己刚才没有掉下去。教授微笑着说："我知道这很难，但请相信你们自己。你们有能力再次走过这座桥。试着想象自己走在坚固的铁桥上，每一步都稳定而自信。"尽管开始有些犹豫，但其中三位参与者鼓起勇气，决定再次尝试。

第一位参与者虽然有些颤抖，但他坚定地走着，每一步都比前一次更加自信。他成功地走过了小桥，回到了起点。第二位参与者虽然中途有些害怕，但他没有放弃，而是选择停下来深呼吸，调整心态后再继续前行。他最终也成功完成了任务。第三位参与者虽然走得更慢，但他没有退缩，而是坚定地一步步向前，最终也成功地走过了小桥。

看到这三位参与者的成功，其他的人也逐渐恢复了信心。教授这时打开了所有的灯，大家惊讶地发现桥和鳄鱼之间其实有一层黄色的网。原来，他们之前所看到的鳄鱼并没有那么可怕，只是因为他们被恐惧所笼罩，没有注意到这一点。

这次实验让所有的参与者都深有感悟。他们意识到，在面对同样的困难和挑战，当

我们相信自己有能力完成任务时，不仅能够帮助我们克服恐惧和不安，还能够激发我们的潜能和动力，使我们更加自信、勇敢地面对挑战，积极寻找解决问题的方法，从而更有可能取得成功。相反，如果我们缺乏自信，自我效能感低下，我们可能会过分夸大困难，产生退缩和逃避的心理，导致任务无法完成。

由此可见，自我效能感不仅是完成任务的关键心理因素，它还决定了我们在面对困难和挑战时的态度和选择。

1. 自我效能感的定义　　自我效能感最初由美国心理学家班杜拉于20世纪70年代提出，指的是个体对自己是否有能力完成某一任务或行为的推测与判断。他认为，自我效能感是个体对自己能力进行衡量与评价的结果，更是一种效能期望，即个体对自己利用所拥有的技能去完成某项工作的自信程度。

自我效能感并非一个人的真实能力，而是这个人对自己行为能力的评估和信心，是个体在特定情境中，对自己能够组织并执行行动以达到预期结果的信念的体现。而这种结果又转而调节人们对行为的选择、投入努力的大小，并且决定个体在特定任务中所表现出的能力。自我效能感是一个动态的概念，会随着新信息的获得而发生变化，影响个体的情感、认知和行为，是其成功实现目标的重要前提和基础。

2. 自我效能感与自信的异同之处　　自我效能感与自信在心理学领域均占据举足轻重的地位，二者既存在密切联系，又各自具备独特的内涵。

自信是发自内心的自我肯定与相信，是个体在成功后亲身体验到的一种良性情感，是一种经验型概念。自信是高自我效能感的体现。自信作为人格的重要组成部分，对大学生的情感、动机和社会行为都有重要影响。有研究显示，自信程度不仅影响创造性成功、就业、学业成绩等个体的心理与行为表现，还深刻地影响着心理健康、健全人格的形成与发展等。

自信与自我效能感都涉及个体对自身能力的信心。但相比之下，自信是个体对于自身整体价值的认同与肯定，而自我效能感则更具体，是指个体对自己完成特定任务的能力的信心和信念。

（二）影响自我效能感的因素

自我效能感的形成是一个错综复杂且多维度的过程，受到多种因素的交织影响。这些因素大致可归结为两大类别：个体内在因素与外部环境因素。

个体内在因素方面包括个体过去成功经验的积累、个人的能力水平、当前的生理和情绪状态等；外部环境因素包括他人的评价与反馈、社会支持系统的完善程度及任务本身的特点与难度等。

1. 个体内在因素

（1）过去成功经验的积累：个体先前的成功经验能为个体提供宝贵的行为信息，帮助其形成和判断自我效能感，从而增强自己面对未来任务和挑战时的自信心。然而，自我效能感的形成与变化并非行为的直接结果，换言之，是个体对先前行为经验的加工和解读而非行为本身直接导致自我效能感的改变。例如，在面对较大的科研压力时，那些能够以积极、肯定和乐观的态度评价自己和情境因素的学生，即便取得微小的进步，也可能引发自我效能感的大幅提升。而那些悲观、消极的学生，即便取得显著的进步，仍可能感觉不佳，表现出自我效能感下降的情况。

（2）个人的能力水平：自身能力的强弱直接影响个体对于能否完成某项任务或达成目标的信心水平。当个体具备扎实的专业知识、技能和实践经验时，其自我效能感往往会更高，更有信心面对挑战并取得成功。因此，不断提升自身能力，是增强自我效能感的重要途径。

（3）当前的生理和情绪状态：个体对自身生理与心理状态的主观感知将直接作用于自我效能感的判断。具体而言，情绪层面的焦虑、恐惧或紧张，以及生理层面的疲劳或疼痛，均容易削弱个体的自我效能感。

2. 外部环境因素

（1）他人的评价与反馈：他人评价会影响个体的自我效能感。当个体得到他人的积极评价和认可时，会增强他们的自我效能感，认为自己有能力完成各种任务。相反，如果个体经常受到他人的负面评价或批评，可能会降低他们的自我效能感，导致他们在面对挑战时缺乏信心。

（2）社会支持系统的完善程度：社会支持作为提升自我效能感的重要驱动力，发挥着举足轻重的作用。它能够显著增强个体的自信心和自尊心，有效缓解焦虑和压力，促使个体在应对挑战时展现出更为勇敢和坚定的态度。通过这种方式，社会支持能够显著提高个体的自我效能感，进而促进个人的全面发展与成长。

（3）任务本身的特点与难度：任务的特点也会对自我效能感产生影响。如果任务过于复杂或困难，个体可能会感到无法胜任，从而降低自我效能感。相反，如果任务相对简单或符合个体的技能水平，他们更有可能相信自己能够成功完成，从而表现出较高的自我效能感。

综上所述，个体内在因素如经验、能力和情绪状态对自我效能感产生深远影响，成功的经验、强大的能力和积极情绪有助于提升自我效能感。同时，外部环境因素如他人评价、社会支持和任务特点也起到重要作用，积极评价、社会支持和适中难度的任务都能增强个体的自我效能感。因此，要提升自我效能感，个体需积极面对挑战，积累成功经验，提升能力水平，保持积极情绪，并争取获得他人的积极评价和社会支持，同时选择适合自身能力水平的任务。

（三）自我效能感与大学生活

自我效能感是个体对自己能够完成某项任务或活动的信念和信心程度。它不仅影响着学生的学业成绩、目标设定，还与其心理健康状况紧密相连。

1. 自我效能感影响学业成绩　　自我效能感与学业成绩之间存在密切的关系。国内外大量研究表明，自我效能感能够显著预测学习效果。自我效能感高的学生在学习中更加自信、积极和主动，他们更愿意尝试新的学习策略和方法，以应对学习中的挑战。这种积极的学习态度和行为使得他们更容易获得良好的学业成绩。相反，自我效能感低的学生往往对自己的学习能力持怀疑态度，缺乏自信，容易在学习中感到焦虑和沮丧，从而影响其学业表现。

2. 自我效能感影响目标设定　　自我效能感与目标设定之间存在着双向互动关系。一方面，自我效能感直接影响个体的目标设定和努力程度。高自我效能感的个体更有可能设定挑战性目标并坚持努力实现这些目标。这是因为他们相信自己具备完成这些目标所需的能力和资源。另一方面，通过设定和实现具有挑战性的目标，个体可以不断提升自己的能力和信心，从而进一步增强自我效能感。

3. 自我效能感影响心理健康　　自我效能感与心理健康之间存在密切的关联。经过广泛而深入的研究发现，过度的学业压力对大学生健康成长及日常生活产生显著的负面影响，严重削弱了他们的主观幸福感，进而可能导致学业成绩不佳、辍学甚至更为严重的心理健康问题。值得注意的是，压力源是否引发压力反应并非绝对，而是与个体对压力源的认知及应对方式紧密相关。研究表明，自我效能感在调节压力源与压力反应之间的关系中发挥着重要作用。具体而言，自我效能感较高的个体在面临压力时，更不易出现紧张、情绪衰竭等不良反应。他们倾向于相信自身具备应对潜在压力源的能力，并更可能将压力视为挑战而非威胁。相比之下，自我效能感较低的个体对压力源的控制感较弱，常感自身努力不足，更可能将压力视为阻碍，进而表现出明显的压力反应。

三、活动方案

（一）目标任务

认识 OH 卡牌，并借助 OH 卡牌这一心理分析工具，创建一个尊重、开放、安全的活动氛围。以 OH 卡牌的图案、符号等元素激发学生的好奇心，让学生进行深入的自我探索，从而建立起一个更加全面、立体的自我认知，更加清晰地认识自身潜能，促进自我成长。

（二）关键词

自我探索；OH 卡牌。

（三）活动说明

16 人以内，活动共 4 次，每次时间 1.5h 左右。

（四）活动设计与流程

1. 初识你、我、他

（1）活动及 OH 卡牌介绍（约 10min）。

1）对本次活动及 OH 卡牌的相关信息进行简要说明：本次活动旨在通过 OH 卡牌，促进参与者对自我认知与情感管理的提升。OH 卡牌作为一种心理工具，具有广泛的应用价值，能够帮助个体更好地理解和应对内心世界的复杂情感。

OH 卡牌通过一系列精心设计的图案和文字，引导参与者进行深入的自我探索。在使用过程中，参与者需遵循一定的流程，包括选择卡片、解读卡片内容、分享个人感受等环节,以确保活动的顺利进行。

2)在使用 OH 卡牌时,需遵循以下原则:①保持开放的心态,尊重并接纳自己的内心体验;②关注个人感受,避免过度解读或评判他人;③注重分享与交流,通过与他人分享自己的心得与体会,促进共同成长;④尊重他人的隐私和意愿,避免强迫或诱导他人参与活动。

(2)初探:这就是我(每人 3~4min,约 40min)。

1)每位同学在 OH 卡牌的图卡中抽取一张卡片代表自己,花 1min 时间将自己的注意力停留在自己的图卡及自身想法、感受里。

2)依次分享:如果这张卡牌代表你自己,你看到了什么?你觉得这张卡牌中的什么最能代表你?为什么?

3)每个人分享结束后,其他成员可针对分享者提出自己的好奇。

(3)澄清:我的期待(每人 3~4min,约 40min)。

1)每位同学在 OH 卡牌的图卡中抽取一张卡片,代表自己参与本次活动的期待,花 1min 时间将自己的注意力停留在自己的图卡及自身想法、感受里。

2)依次分享:你看到了什么?这张卡牌引发了你什么样的想法和感受?它与你参与本次活动的期待有什么关联?

3)每个人分享结束后,其他成员可针对分享者提出自己的好奇。

2. 拨开迷雾见真我

(1)我的小确幸(每人 2min,约 30min)。

1)每位同学在 OH 卡牌的图卡中抽取一张卡片,代表最近发生在自己身上的一个小确幸,花 1min 时间将自己的注意力停留在自己的图卡及自身想法、感受里。

2)依次分享:你看到了什么?吸引你的是什么?与你发生的事情有何关联?

3)每个人分享结束后,其他成员可针对分享者表达自己的感受。

(2)再探:我是谁(每人 4min,约 50min)。

1)抽 3 张图卡,依次翻开,每翻一张写一个自己眼中的自己。

2)抽 3 张图卡,依次翻开,每翻一张写一个别人眼中的自己。

3)抽 3 张图卡,依次翻开,每翻一张写一个自己理想中的自己。

4)抽 3 张图卡,依次翻开,每翻一张写一个别人理想中的自己。

5)依次分享:自己眼中的自己、别人眼中的自己、自己理想中的自己和别人理想中的自己分别是什么样的?现在这 4 个自己中,哪个花的时间最多?为什么?

6)前面写下的 12 个自己中,找出自己最喜欢的 3 个。

7)针对选出的 3 个自己,写出 3 个成长策略。

(3)小结:此刻的感受(每人 0.5min,约 10min)。

1)每位同学在 OH 卡牌的图卡中抽取一张卡片,代表当下自己的感受。

2)依次分享:用一个词或者一句话表达自己当下的感受。

3. 再见:我的小成就

(1)我的小成就(每人 4min,约 50min)。

1)每位同学在 OH 卡牌的图卡中抽取一张卡片,代表曾让自己感到最满意或感触最深、难以忘怀的事件(它也可以只是一件平常的小事),花 1min 时间将自己的注意力停留在自己的图卡及自身想法、感受里。

2）依次分享：你看到了什么？与你发生的事情有何关联？这张图卡让你对自己的小成就有什么新的启发？

3）每个人分享结束后，其他成员可针对分享者表达自己的一个欣赏。

（2）深潜：感受我的正能量（每人 2min，约 30min）。

1）每位同学抽取一张图卡和文字卡，并根据自己抽取的卡牌内容共同创作一个跌宕起伏的故事。

2）创作结束后，依次分享：你印象深刻的情节是什么？为什么？当时给你的触动是什么？你对自身有什么新的发现？

（3）小结：此刻的感受（每人 0.5min，约 10min）。

1）每位同学在 OH 卡牌的图卡中抽取一张卡片，代表当下自己的感受。

2）依次分享：用一个词或者一句话表达自己当下的感受。

4. 再见：我的小情绪

（1）我的小情绪（每人 2~3min，约 30min）。

1）每位同学在 OH 卡牌的字卡中抽取一张卡片，代表最近自己的情绪状态，花 1min 时间将自己的注意力停留在自己的卡片及自身想法、感受里。

2）依次分享：你抽取的字卡是什么？与你有何关联？让你想到了什么，感受到了什么？

（2）"情"有可原（每人 4min，约 50min）。

1）每位同学在 OH 卡牌的字卡中抽取一张卡片，代表这个情绪状态的合理之处。

2）每位同学在 OH 卡牌的字卡中抽取一张卡片，代表你对这个情绪状态的排斥之处。

3）每位同学在 OH 卡牌的字卡中抽取一张卡片，代表你有效应对这个情绪状态的方式。

4）依次分享。

（3）小结：此刻的感受（每人 0.5min，约 10min）。

1）每位同学在 OH 卡牌的图卡中抽取一张卡片，代表当下自己的感受。

2）依次分享：用一个词或者一句话表达自己当下的感受。

四、教学重点与难点

（1）尊重每个人的隐私。隐私是每个人的基本权利，它关乎个人的尊严和自由。我们应该尊重他人的个人空间，不随意窥探或干涉他人的私事。同时，不擅自公开或传播他人的个人信息。

（2）尊重每个人的时间。在团体中，每个人都可以花一些时间停留在自己的卡片上，尊重彼此的这一权益。

（3）尊重每个人的见解和想象。每个人都是所抽卡片的所有者和解读者，可以有自己的思想、观点和想象力。在团体中，尊重他人的见解和想象，不轻易否定或嘲笑对方的想象。

（4）尊重每个人的完整性。避免对他人进行侮辱、诽谤或歧视等行为，以维护他人的完整性和尊严。

（5）尊重每个人的独特性。每个人都是独一无二的个体，拥有自己独特的性格、兴趣和能力。要尊重每个人的独特性，不将其与他人进行简单的比较或评价。

五、思考与练习

（1）请列出你认为自己最擅长的三类事情或活动，并详细描述在每个领域中的具体表现或成就。

（2）分析上述所展现的能力，其背后体现了你的哪些核心素质或价值观？这些能力与你的个人兴趣、职业愿景及生命目标之间有何内在联系？

（3）基于你的自我认知和对能力的理解，制订一个具体可行的计划，说明你打算如何在学习、社会实践、志愿服务或未来职业中进一步发挥和提升这些能力。

（4）考虑如何将这些能力与你的生命教育目标相结合，通过实际行动促进个人全面发展，增强对生命的热爱与珍视。

六、拓展阅读

（1）塞利格曼. 活出最乐观的自己[M]. 沈阳：万卷出版公司，2010.

（2）彭凯平. 孩子的品格[M]. 北京：中信出版社，2021.

（3）柯维. 高效能人士的七个习惯（30周年纪念版）[M]. 北京：中国青年出版社，2020.

七、教师札记

首先，注重从生命教育的视角出发，引导学生理解自我效能感在个体生命中的核心地位。通过分享真实的人生故事和案例，让学生看到自我效能感如何影响一个人的选择、行动乃至整个人生轨迹。这些故事让学生意识到，提升自我效能感不仅是心理成长的需要，更是实现生命价值、活出精彩人生的关键。

其次，在教学过程中，采用了一系列互动性和体验式的教学方法来激发学生的内在动力。例如，组织小组讨论，让学生围绕"我的成功经历"这一主题分享自己的故事。这些故事成为了宝贵的资源，帮助学生认识到自己的能力与潜力，从而增强自信心。同时，鼓励学生设定个人目标，并制订实现这些目标的计划。通过这一过程，学生学会了如何将自我效能感转化为实际行动，不断挑战自我，实现自我超越。

再次，为了进一步强化自我效能感的培养，引入了角色扮演、模拟情境等教学方法。通过模拟面试、公开演讲等场景，让学生在实践中体验成功与失败，学会从经验中学习，不断提升自己的应对能力和心理素质。这些活动不仅锻炼了学生的技能，更让他们深刻体会到自我效能感在应对挑战中的重要性。在融合教学的过程中，始终关注学生的情感需求与心理变化。鼓励学生表达自己的感受与想法，为他们提供一个安全的学习环境。同时，注重引导学生建立积极的人际关系，通过团队合作、互助学习等方式培养他们的社交能力与同理心。这些努力有助于学生形成积极向上的生活态度，更好地应对生活中的挑战与困难。

最后，注重将课堂教学与课外实践相结合。鼓励学生参与志愿服务、社会实践等活动，将所学知识与实际生活相结合。这些活动不仅让学生有机会将自我效能感应用于实际情境中，更让他们在实践中体验到生命的意义与价值。通过这些活动，学生学会了珍惜生命、感恩生活，形成了更加积极向上的人生态度。

八、主要参考文献

郭建鹏，王仕超，刘公园. 学业压力如何影响大学生心理健康问题——学业自我效能感和压力应对方式的联合调节作用[J]. 中国高教研究，2023（5）：25-31.

田甜. 从自我效能感理论出发谈自信心的培养[J]. 南方论刊，2011（12）：66-67.

姚凯. 自我效能感研究综述——组织行为学发展的新趋势[J]. 管理学报，2008，5（3）：463.

Hayat A A，Shateri K，Amini M，et al. Relationships between academic self-efficacy，learning-related emotions，and metacognitive learning strategies with academic performance in medical students：a structural equation model[J]. BMC Medical Education，2020，20（1）：76.

Teng M F，Wang C，Wu J. Metacognitive strategies，language learning motivation，self-efficacy belief，and English achievement during remote learning：a structural equation modelling approach[J]. RELC Journal，2021.

第十四章 生命与精神世界：以情绪认知、调节与自我成长为例

一、学习目标

- 通过感悟生命与情绪复杂而深刻的关系，了解情绪的有关理论，把握什么是情绪及其作用。
- 通过感受生命中不同的情绪认知，通过情绪体验，精准分辨正性情绪与负性情绪。
- 通过认识生命中的情绪的丰富多彩，了解情绪对人的健康、学习、生活等的影响。
- 通过探索生命情绪体验与调节表达，把握积极的情绪表达、调节的方法与技巧。

二、背景资料

（一）情绪的基本理论

情绪（emotion）作为人类心灵的基本情感状态，是人们对重大的内部事件或外部事件的精神回应，是人们对外部世界事件或内部身体事件引发的以某种程度的愉悦或痛苦为特征的主观意识经验，如愉悦、痛苦、悲伤、忧虑、愤怒、恐惧等。关于生活世界的情绪性感受，在人类精神生活中有着无与伦比的根本重要性，直接影响着人们对生活的意义和价值的评判。

当代心理学界关于情绪问题的一个普遍共识是：情绪是由评价维度、生理维度、现象维度、表现维度、行为维度和精神维度六个方面构成的。然而，在"这六个方面的哪个方面对于情绪是本质的"这个问题上，却存在着严重分歧。这种分歧导致形成了三种类型的情绪理论，即感受论、评价论和动机论。

1. 感受论情绪理论：情绪是一种独特的感受性意识经验　　特殊的感受性是情绪最直接的表现形式，如我们所共知的，愤怒、恐惧、快乐、悲伤等情绪都直接表现为特定的内心感受。感受论是最代表常识的一种情绪理论。

当代的感受论情绪理论把情绪看作一种基于身体变化的独特的感受性意识经验，一种特殊类型的主观经验。认为情绪性感受有其特定的质，是一种与品尝巧克力的感受、后背疼痛的感受等不同类型的感受性知觉经验。主要代表人物包括威廉·詹姆斯、卡尔·兰格、斯坦利·沙赫特等。

2. 评价论情绪理论：情绪就是对刺激的特定评价　　评价论的情绪理论亦称情绪

的认知理论。心理学领域 20 世纪 50 年代发端的认知革命也促使认知科学家和一些哲学家基于新的思想范式研究情绪问题,其结果便是于 20 世纪 60 年代形成了评价论或认知论的情绪理论。

这一情绪理论的主要开创者是玛格达·阿诺德。她认为:传统上对情绪的感受论解释忽视了情绪怎样被引出的问题,而要解决这个问题就需要引入"评价"这个概念;因为主体正是通过对某个情势对其所具有意义的评价而形成相应情绪;同样的刺激对不同的人或在同一个人的不同时间引发不同的情绪,所以引发情绪的不是刺激,而是对刺激的评价;情绪实质上就是"对直觉上评价为好的(有益的)任何东西所感受的趋向,或对直觉上评价为坏的(有害的)任何东西所感受的拒斥"。肯尼则从另一个维度指出:情绪是有意向性的,是指向或关于某事物的;而如果情绪有意向性,那就存在着某种情绪是否适当的标准——仅当某种情绪的形式对象被例证时,它才是适当的;但是,感受又不可能与情绪的形式对象具有概念关系,所以为了嵌入这种概念关系,情绪必须涉及某种"认知性评价"(cognitive evaluations)。

20 世纪 90 年代后,评价论情绪理论主要沿着两条路线获得新的发展。一是玛莎·纳斯鲍姆、罗伯特·C·所罗门等所主张的以判断辨别情绪的判断主义(judgmentalism)理论。评价论的另一条发展进路可称为构成主义。它在断定情绪源于评价的基础上,致力于研究对刺激的意义进行情绪性评价的构成问题。丽莎·费尔德曼·巴雷特、詹姆斯·A·拉塞尔、杰西·普林兹等都是这一研究进路的代表人物。

3. 动机论情绪理论:情绪就是特定的行为动机状态　　动机论从情绪与随之发生的指向特定目标的行为的本质关联性研究情绪问题,认为情绪就是指向特定目标的行为的内部动机状态。按照动机论,情绪理论需要解决的中心问题是情绪与行为怎样关联的问题,因为当人们出现某种情绪时,他的行动将产生重要的个人的和社会的后果,所以从行为的维度研究情绪问题才是最根本的。

重要代表人物有约翰·杜威。在威廉·詹姆斯提出情绪的感受理论不久,杜威即发表《情绪理论(1):情绪的态度》(1894)和《情绪理论(2):情绪的意义》(1895)两篇文章,提出了反对詹姆斯感受论的情绪动机论。杜威认为:关于情绪(如愤怒)的感受与情绪本身(如愤怒本身)存在区别,情绪是"一种有目的的并把它自身反映到感受中的行为模式";当我们说某人愤怒时,"我们并不是简单地意指,甚至主要地不是意指有某种'感受'正占据着他的意识","我们意指的是,他……已经准备以某种方式行动"。简而言之,杜威认为:情绪实质上就是改变人们的行动准备的某些机制或行动准备的某些状态。

杜威的情绪动机论观点在当代通过与进化生物学和神经生物学理论相结合,获得新的发展。当代动机论的核心思想就在于,认为情绪是生物在适应性进化过程中建立起来的程序性系统机制。其主要代表人物包括沃尔特·坎农、斯坦利·沙赫特、理查德·拉扎鲁斯等。

(二)情绪对人的健康、学习、生活等的影响

1. 情绪的分类

(1)按情绪发展分类,可将情绪分为基本情绪和社会情绪。基本情绪是与生理需要

相联系的内心体验，在人的幼年时期就已经形成，带有先天的遗传因素。有学者提出人的基本情绪包括4种：快乐、愤怒、恐惧、悲哀。在4种基本情绪之上，可以派生出众多的复杂情绪，如厌恶、羞耻、悔恨、妒忌、喜欢、同情等。

社会情绪是与社会需要相联系的内心体验。表现为一种较为复杂而又稳定的态度体验。例如，人的善恶感、责任感、羞耻感、内疚感、荣誉感、美感、幸福感等，都是人的社会情绪。社会情绪是在基础情绪上随着人的成长而逐步发展起来的，同时又通过基础情绪表现出来。

（2）根据情绪内心体验的功效，可将情绪分为正性情绪和负性情绪。一般愉快、快乐、舒畅、喜欢等外在事物对个体有益时的体验，视为正性情绪；而将痛苦、烦恼、气愤、悲伤等外在事物对个体造成危害时的体验视为负性情绪。由于人类需要的多重性，情绪的两极同样具有相对性，即对待同一件事物，既可以产生正性情绪体验，也可以产生负性情绪体验。

（3）按照情绪的状态分类，可将情绪分为心境、激情与应激三种状态。情绪的状态是指在一定的生活事件影响下，一段时间内各种情绪体验在强度、持续性、紧张度三个方面所表现的特征。

1）心境是一种使人的一切其他体验和活动都染上情绪色彩，且持续、微弱、平静的情绪状态。心境的特点是弥漫性：当人处于某种心境时，会以同样的情绪体验看待周围事物。例如，人伤感时，会见花落泪。心境可持续几周、几个月甚至一年以上。心境既与生活境遇等外部因素相关，也与个人的世界观等内在因素密不可分。

2）激情是指一种短暂的、强烈的、爆发式的情绪状态，常由意外事件或对立冲突引起的，同样伴有明显的生理变化和行为表现。激情具有强烈的冲动性和爆发性，发生的时间短，会随着时过境迁而弱化或消失。在激情状态下，人的生理唤醒程度较高，认识范围狭窄，理智分析能力减弱，不能正确地评价自己行为的意义和后果，因而容易失去理智，做出不顾一切的鲁莽行为。激情有积极和消极之分。积极的激情可以成为人们积极行动的巨大力量。

3）应激是由于出乎意料的紧张或危险情境下产生的适应性反应，是人处于巨大压力和威胁情境下所产生的一种特殊的情绪状态，伴有强烈的生理反应、心理反应及能量的消耗。如突遭地震时，会使人出现肌肉紧张、心跳加快、血压升高、血糖增高、呼吸紧促等生理现象，能提高机体的应变能力，增强对突发灾难的适应性。在应激状态下，人可能有两种表现：一种是目瞪口呆、手足无措，陷入一片混乱之中；另一种是头脑清醒，急中生智，动作准确，行动有力，及时摆脱困境。应激的状态不能维持过久，因为这很消耗人的体力和心理能量。一个人若长期处于应激状态，可能会导致心理疾病和心理障碍。

2. 情绪对各方面的影响

（1）情绪与身心健康。人是一个身心统一体。人的情绪与健康息息相关。人在不同情绪状态时，大脑的下丘脑、脑下垂体、自主神经系统都会有一定的生化改变，并因此引起身体各器官功能的变化。这就是情绪可以致病的生理学基础。例如，人在不同的情绪状态下，心律、血压、呼吸及内分泌、消化系统等，都会发生相应的变化。悲伤时，人会出现食欲减退、消化不良等症状；激动时，则会出现血压升高、心跳加快等现象。

人长期处在负性情绪下,还会影响皮肤健康,痤疮、白癜风、银屑病、黄褐斑等都与情绪有关。据联合国卫生组织调查,当今人类的疾病有70%以上是由不良情绪造成的。美国专家的研究也表明,因情绪紧张而患病者占门诊患者的76%。

此外,长期的负性情绪还会对心理健康产生负面影响,表现为孤僻、冷漠、暴躁、敏感、疑心重、不容人,甚至回避社交;自我成就感降低,社会适应力减弱;出现大脑功能紊乱,思维的敏捷性、精确度下降,注意力难以集中,记忆力下降等。因此,保持良好的情绪状态,是身心健康的需要。

（2）情绪与学习效率。情绪心理学的研究发现,情绪对认知加工具有重要影响。情绪可以影响信息加工的过程,如对信息进行选择性注意,对信息进行准确理解与记忆等。一句话,情绪可以驱动、影响整个认知活动,调节认知加工过程和人的行为。由此可以看出,情绪通过影响人的认知活动而影响学习效率。正性情绪对人的心理活动起协调和组织的作用;负性情绪起破坏、瓦解作用,干扰或抑制认知功能。例如,人在愉快的状态下,大脑会呈现出接受的态势,表现为感知迅速、耳聪目明、思维敏捷、记忆准确,单位时间对信息的接收量大大增加,学习效率迅速提高;相反,人处在紧张、焦虑、抑郁、愤怒等负性情绪状态下,则会分散和阻断注意过程,干扰原有知识的回忆过程,瓦解整个思维过程。

（3）情绪与人际关系。

1）情绪具有信息传递的功能,可以促进人际的思想交流。在人际交往中,轻松愉快的情绪可以传递"我很愿意跟你在一起""和你在一起我很开心"的信息,从而促进双方人际关系的进一步发展。

2）情绪交流可以引起双方的情感共鸣,产生同感和移情。乐观、自信的人,总是受人欢迎,容易获得别人的认同,从而更容易建立良好的人际关系。而自卑、易怒、抑郁的人,往往不能与他人正常交往,导致人际关系的疏远。

3）在人际交往中,不同的情绪状态会直接影响到人际关系的状况。微笑、轻松、热情、喜悦、宽容和善意的情绪表达,会促进人际的沟通和理解;而冷漠、猜疑、排斥、偏执、嫉妒、轻视的情绪反应,则会构成人际交往的障碍。

4）人际关系状况还取决于一个人情绪表达是否恰当。倘若常在他人面前任由负面情绪决堤,丝毫不加控制,久而久之,别人就会觉得你难以相处,甚至回避与你的交往。反之,若常面带微笑、多赞美他人,以亲切的态度与他人和谐相处,自然会受到大家的喜爱。

（4）情绪与潜能发挥。积极的情绪和心态能激发潜能,消极的情绪和心态则会抑制潜能。美国密歇根大学的弗雷德里克森教授提出积极情绪的扩展和建构理论,他认为:消极情绪,如焦虑、愤怒,使得个人的即时思维-行动范畴变窄,于是人们倾向于选择一种特定的自我防御式行为方式;而积极情绪能扩建个人的即时思维-行动范畴,使个体充分发挥主观能动性,产生创造性的思想和行为。

（三）积极的情绪表达、调节的方法与技巧

1. 自白　　鉴于消极情绪对个体的负面影响,以及抑制这些情绪的困难和代价,该如何处理这些消极情绪呢?一项关于自白益处的研究提供了一种减少消极情绪的方

法：对外表露出（即使是对自己）那些让你感到羞耻、担心、害怕或悲伤的个人想法和感受。在另一项研究中，研究者将 156 名心脏病患者随机分为两组，要求实验组患者写出他们第一次心脏病发作时的感受，而要求对照组患者写出他们的日常活动，结果发现，实验组患者要比对照组恢复得更快、更好。那么，那些私下将自己对初入大学校园的"内心最深处的想法和体会"写下来的大一新生又是怎样的呢？短期来看的话，他们比那些经常记录一些生活琐碎之事的学生更多表达出了自己的乡愁和焦虑。但到了学年末，这些学生患流感的概率及去校医务室的次数要明显低于或少于那些记录生活琐碎之事的学生。

在一项研究中，当实验者要求一组大学生连续 4 天、每天用 20min 的时间去写自己的创伤经历时，很多人道出了自己被羞辱或被父母遗弃的经历。而他们大多数人从未将这些经历跟任何人说过。研究者收集了这些学生的身体症状、白细胞数目、情绪状况及去健康中心的情况，结果显示：写下创伤经历的学生比那些就中立话题进行写作的学生各方面要好一些。随后的研究也证实了直面创伤事件的益处。

写作的好处主要体现在，这种自白可以在对自身产生洞察力和理解力的时候，培养自己远离不良经历的能力，结束那些强迫性想法和未消解的情绪带来的重复性压力。一位参加研究的年轻女子回忆自己在 9 岁时被一个大她一岁的男孩猥亵的不良经历。第一天，她将自己的尴尬和内疚写了出来。第三天，她写下了对那个男孩的愤怒。到了最后一天，她开始对整个事件有了不同的看法：毕竟他也只是个孩子。研究结束后，她说："以前，当我想到它时，我会对此自欺欺人。现在，我连想都不会想，因为我把它说出来了。我终于接纳了这件事。"

2. 放下怨念 有一部经典的美国情景喜剧《宋飞正传》(*Seinfeld*)，这部剧尽管已经有 30 多年的历史了，但仍值得一看。剧中一位主角的父亲因对圣诞节的商业化嗤之以鼻而发明了自己的寒假 Festivus（"我们的假期"），在许多方面都与传统节日大相径庭。一家人围坐在铝合金柱子周围而不是树的周围，不喝蛋奶酒，不唱颂歌，就是发泄不满，告诉其他家庭成员自己在过去一年中的种种不满。Festivus 这个节日很荒诞，很戏剧化，而且也不利于家庭成员间的关系向好的、积极的方向发展。这种"情绪发泄"并不像我们认为的那样把怨恨和过去的挫折感释放出来后可以带来心理上的好处。

研究表明，摆脱这些消极的不满情绪的方法就是摒弃会产生这些情绪的念头，用一种宽容的态度去看待它们。当人们的积怨越来越多时，他们的血压、心率、皮肤电阻也会随之升高。而宽容则会降低这些生理唤醒，有助于恢复个体的自我控制感。宽容就像自白一样，对个体是有益的，它能帮助人们从另外一个新的视角去看待所发生的事；能够增进同理心，提升从他人的角度看问题的能力；此外，还有助于修复和加强现有的人际关系。但是，也要注意，宽容并不总是一件好事，其好坏与冲突发生的背景密切相关。例如，一项针对遭遇家暴的女性的研究表明，那些选择宽容虐待自己的伴侣的女性，更有可能再次回到伴侣身边，继续经历身体和心理上的双重虐待。

宽容并不意味着被冒犯者否认、忽视或为违法行为进行辩解，那可能会导致严重的后果。它通常意味着受害者最终带着不公感与冒犯者达成协议，好让自己尽快排解那些难以消散的痛苦、愤怒和仇恨之情。

三、团体活动方案

（一）借助 OH 卡牌设计情绪主题的团体心理辅导方案

1. 目标任务　　借助 OH 卡牌这一心理投射工具，通过团体心理辅导的形式，帮助参与者深入探索情绪的自我认知、体验、转变等层面，从而促进正性情绪的培养。

2. OH 卡牌简介　　OH 卡牌是一种心灵图卡与指导手册相结合的心理咨询工具。每张卡牌上都印有图案、文字或两者兼有，图案多为抽象画，可以引发参与者的联想与感悟。

3. 活动安排

（1）暖场与 OH 卡牌介绍。

1）目标：营造轻松氛围，让参与者了解 OH 卡牌的基本使用方法和意义。

2）内容：通过简单的自我介绍和团队游戏，拉近参与者之间的距离；随后介绍 OH 卡牌的基本知识和使用技巧，为后续活动打下基础。

（2）自我探索与情绪体验的觉察。

1）目标：引导参与者通过 OH 卡牌探索自我，反思自己的情绪体验、表达和需求。

2）内容：每位参与者随机抽取一张 OH 卡牌，根据卡牌内容展开联想，分享自己的主导情绪、感受或困惑。同时，引导其他参与者给予积极的反馈和建议，促进相互理解和支持。

（3）情绪表达与沟通练习。

1）目标：提升参与者情绪觉察能力，掌握自白、宽容的方法。

2）内容：将参与者分为若干小组，每组抽取一张 OH 卡牌作为共同话题。小组成员围绕话题展开讨论，鼓励大家真实表达自己的感受和想法，同时学习倾听和理解他人的观点。最后，每个小组分享讨论成果，其他小组给予反馈和建议。

（4）情绪培养的积极策略。

1）目标：帮助参与者了解积极情绪对健康、亲密关系、个人发展等的益处及负性情绪对健康、亲密关系、个人发展的消极影响。

2）内容：通过讲解和案例分析，介绍正性情绪与负性情绪的分类，利用 OH 卡牌模拟负性情绪，引导参与者探讨有效地减少负性情绪，培养正性情绪的方法。

（5）总结与分享。

1）目标：回顾整个活动过程，分享收获和体会。

2）内容：组织一次总结分享会，让参与者回顾整个活动过程，分享自己在 OH 卡牌辅导中的收获和体会；同时，鼓励大家将所学应用到实际生活中，不断增强情绪觉察能力，提高正性情绪培养的技巧。

4. 注意事项

（1）在活动过程中，应确保氛围轻松、开放，鼓励参与者积极参与和分享。

（2）涉及个人隐私和敏感话题的部分，应尊重参与者意愿，避免强制要求分享。

（3）在使用 OH 卡牌时，应注意引导参与者进行深入思考和感悟，而不是简单地停留在表面的描述和解释上。

通过以上方案的实施，我们期望能够帮助参与者借助OH卡牌这一工具，更深入地探索和理解情绪的自我认知、体验、表达、培养等层面，从而促进学生学习、健康、亲密关系等方面发展。

（二）大学生压力管理团队辅导方案

1. 团体名称　　接纳压力 快乐成长。

2. 团体目标

（1）觉察、认识压力，了解自己的压力水平。

（2）识别压力源，清理和减少负性能量。

（3）学会调节压力，掌握调适方法。

（4）和压力共处，提升适应能力。

3. 理论依据

（1）塞利压力理论。压力的发展经过警觉、抵抗和耗竭三个阶段。过度的压力和癌症、心血管疾病、头痛、抑郁、焦虑等身心疾病有关。

（2）情绪管理理论。情绪管理不是要去除或压制情绪，而是在觉察情绪后，调节情绪的表达方式，通过一定的策略和机制，使情绪在生理活动、主观体验、表情行为等方面发生一定的变化，从而使人学会以适当的方式在适当的情境表达适当的情绪。

（3）合理情绪ABC理论。这一理论认为，正是一些不合理的信念使得人们产生情绪困扰。因此，帮助个体形成良好的情绪体验应该从改变认知，形成对事件的合理认识入手。

（4）团体认知行为理论。认知改变行为，通过调节对压力的认知，可以调节心理压力。

（5）团体辅导的理论。通过团体成员的分享交流，相互支持，可以有效缓解压力。

4. 结构　　结构式的小团体方式，运用行为训练、书写练习、小组分享等。

（1）理论模式：整合取向模式。

（2）进行场地：以安静、封闭、可以做活动的会场为宜，每人一把可以移动的椅子。

（3）使用设备：投影仪、电脑、音响设备。

（4）材料：A4白纸、海报纸、剪刀、胶带、彩贴等。

5. 时间和人数　　共计3h，限40人以内。

6. 团体领导者　　专职教师1人，助手1人。

7. 评估　　行动策略（手臂测量）。

8. 具体方案　　如下表所示。

阶段名称	目标	活动	时间和材料
热身	1. 压力评估 2. 团队建设 3. 确定规范	手臂评估、微笑相识、大组分享、连环自我介绍、选组长和组名、八字口号、三条组规、集体展示海报、大组汇报	55min，一人一把椅子、一支彩笔等
认识压力	1. 识别压力 2. 澄清压力源	纸笔练习：心理压力圈、六六讨论、大组分享	40min，A4练习纸

续表

阶段名称	目标	活动	时间和材料
压力重构	1. 消除负性认知和态度 2. 接纳压力 3. 提升信心	压力核查 ABC：分析压力的利和弊，改变对压力的态度和认识；六六讨论；大组分享	40min，A4 练习纸
压力管理	找寻压力管理的有效方法	脑力激荡：制作减压清单（深呼吸、正念、锻炼等），六六讨论，大组分享	30min，彩色水笔
结束	1. 成长总结 2. 道别	一句话或三个词总结 依依惜别：手语《感恩的心》或《在路上》	15min，各色彩贴

9. 反思和总结

（1）理论依据是理解行为的依据，是团体辅导的基础。

（2）注意时间控制，将每个活动的时间告知清楚，使讨论充分。

（3）注意营造温馨氛围，调试音响设备使沟通流畅。

（4）在设计身体接触活动时注意考虑性别。

（5）相熟的成员最好分开，有利于交流。

（6）活动设计符合团体目标，围绕团体目标。

10. 主要活动简介

（1）活动名称：手臂评估。

1）目的：评估成员心理压力水平。

2）实施过程：团体领导者讲解评估方法，一边说，一边做示范。"当自己评估没有压力时，把双手自然放在身体两侧下方；当自己评估压力很小时，双手半起手心朝下，与身体成 45°向下；当自己评估压力一般时，双手伸直手心朝下，平举到胸前；当自己评估压力较大时，双手伸直手心朝下，向上 45°伸举；当自己评估压力很大时，双手举过头顶伸直；当自己评估压力特别大时，双手举过头顶向后。现在，请每个成员评估自己当前的压力水平，一会我会数 3、2、1，当我数到 1 时，请大家按照自己的评估做出自己的选择。"然后，全体成员讨论、交流活动后的感受。一般时间为 3~5min，注意讲解清楚，同时做好示范，可以在活动前后进行评估。

（2）活动名称：微笑相识。

1）目的：促进成员进一步相识，增强熟悉感。

2）实施过程：根据团体领导者的示范和指导进行相关活动。首先，团体领导者现场讲解示范，"你好，昨天不认识你，今天认识你我感到很高兴，我是……"对方重复说，"你好，昨天不认识你，今天认识你我也感到很高兴，我是……"介绍的内容可以包括姓名和爱好等。其次，双方握手，进行猜拳（石头剪刀布），输的一方将双手从后面搭在对方的肩膀上，进行新的相识活动。再次，组成一个圆圈，请后面的成员帮前面的成员按按肩膀，揉揉后背。1min 后请大家 180°向后转，为刚才帮自己揉肩的成员放松一下双肩。最后，请成员分享、交流自己的感受，时间为 15~20min。注意在活动中会有部分成员对身体接触比较敏感，需要及时进行心理调节。

（3）活动名称：心理压力圈。

1）目的：帮助识别和理解生活中的压力源及其影响。

2）实施过程：首先，列出所有压力的来源，如工作、学业、家庭、健康等；其次，根据每个压力源对生活的影响程度进行评估，影响越大，压力越大；再次，在纸上画一个大圆圈，按压力大小将各个压力源分布在圈内，压力大的占据更多面积；最后，在圈内标注每个压力源的具体内容。

（4）活动名称：六六讨论。

1）目的：促进成员间的互动与分享。

2）实施过程：首先，将团体成员按每组 6 人，分成若干组，每组围绕主题进行 6min 的讨论；其次，每组派一名代表用 6min 总结讨论结果；再次，其他组可提问或补充，时间控制在 6min 内；最后，辅导老师总结讨论内容，提炼关键点。

（5）活动名称：脑力激荡。

1）目的：帮助成员在轻松的氛围中自由表达想法，促进团队合作和激发创造力。

2）实施过程：首先，明确讨论的具体问题或主题；其次，设定不批评、鼓励自由表达、追求数量等规则；再次，成员轮流提出想法，记录所有建议；最后，总结讨论结果，整理并评估想法的可行性，给予反馈。

四、思考与练习

（1）理论依据是理解行为的依据，是团体辅导的基础。注意时间控制，将每个活动的时间告知清楚，使讨论充分。注意营造温馨氛围，调试音响设备，使沟通流畅。

（2）在设计身体接触活动时注意考虑性别。相熟的成员最好分开，有利于交流。活动设计符合团体目标，围绕团体目标。

（3）如何理解自己的情绪？你认为情绪认知对于个人成长和自我理解的重要性是什么？你是如何学习和提升对自己情绪状态的认知能力的？分享一次情绪认知，让你更加了解自己的经历。

（4）面对生活中的挑战和压力时，你通常如何调节自己的情绪？这些策略对你的生活和学业有何影响？情绪稳定与自我管理之间有何关联？你如何培养和维持这种稳定性？

（5）你认为情绪调节和自我成长如何塑造你的个人价值观和世界观？在大学生活中，你如何利用情绪管理技能来实现自己的学术和个人目标？

五、拓展阅读

（1）韦德，塔佛瑞斯，萨默斯，等. 心理学[M]. 13 版. 白雪军等译. 北京：中国人民大学出版社，2022.

（2）蔺桂瑞. 大学生心理健康与自我成长[M]. 北京：北京出版社，2011.

（3）樊富珉. 团体辅导与危机心理干预[M]. 北京：机械工业出版社，2021.

（4）黄大庆. 情绪团体心理辅导设计指南[M]. 北京：首都经济贸易大学出版社，2020.

六、教师札记

在感悟生命与情绪表达的主题下,情绪是我们内在世界的重要组成部分,它不仅反映了我们的情感状态,更深刻地影响着我们的认知和行为。

情绪是生命的表达:情绪不仅是一种感觉,它是我们心灵深处的一种语言。通过情绪,我们能够感知自己内心的真实需求和感受,它们如同生命的指南针,指引我们朝着内心真实的方向前行。

情绪认知是内在力量的觉醒:情绪认知不仅仅是识别自己情绪的能力,更是激活个体内在力量的一种过程。当我们能够准确理解和接纳自己的情绪时,我们不仅更能够与他人建立深刻的连接,也更能够在面对挑战时保持内心的平静和坚定。

情绪调节是内在成长的桥梁:有效的情绪调节能力是个人成长过程中的重要一环。它不仅帮助我们在压力下保持稳定和应对挑战,还能够加深我们对自己和他人的理解,促进内在智慧的发展和提升。

自我成长是情绪管理的终极目标:情绪管理不仅是为了解决当前的情绪问题,更是为了实现个人全面成长和发展的一个重要途径。通过持续的自我反思和修正,我们能够不断提升情绪管理的技能,使之成为支持我们生活和学业的强大工具。

在教学中,我们希望能够引导学生思考和探索这些深刻的主题,帮助他们更好地理解和运用情绪管理的智慧,从而在大学生活中取得更为均衡和积极的发展。通过共享这些感悟和经验,期待我们一起共同探索生命和情绪的奥秘,共同成长和进步。

七、主要参考文献

樊富珉. 团体辅导与危机心理干预[M]. 北京:机械工业出版社,2021.

蔺桂瑞. 大学生心理健康与自我成长[M]. 北京:北京出版社,2011.

韦德,塔佛瑞斯,萨默斯,等. 心理学[M]. 13版. 白雪军等译. 北京:中国人民大学出版社,2022.

Arnold M B. Emotion and personality[M]. New York:Columbia University Press,1960:171.

Dewey J. The theory of emotion(2). The significance of emotions[J]. Psychological Review,1895,2(1):16.

Ekman P,Richard J. The nature of emotion:fundamental questions[M]. New York:Oxford University Press,1994:291.

Kenny A. Action,emotion and will[M]. London:Routledge and Kegan Paul;Humanities Press,1963:25.

第十五章 生命与人际交往：以探索关系中的自我与成长为例

一、学习目标

- 通过在人际关系中感受生命意义，提升自我价值感，让自己感到更自尊。
- 通过在人际交往中把握生命价值，成为好的抉择者，让自己感到更自由。
- 通过在人际互动中尊重生命导向，愿意为自己负责，让自己感到更自主。
- 通过在人际联系中理解生命真谛，内外更一致和谐，让自己感到更自信。

二、背景资料

（一）萨提亚模式及其在中国的推广

萨提亚模式（the Satir model）是由维吉尼亚·萨提亚女士（Virginia Satir）创立的一种心理治疗和家庭治疗方法，关注个体的自我价值感提升和人际关系的改善，强调个体内在资源的挖掘、自我探索与成长，以及通过有效沟通促进个人和家庭成员之间的和谐。萨提亚模式的核心理念包括尊重自我、提升自尊，以及通过改善沟通方式解决各种关系中的问题。其主要优势在于以下几点。

（1）提高个人自尊：强调通过心理治疗提升个人的自尊心，使个体能够更好地认识和接纳自己，从而增强自信和自我价值感。

（2）改善沟通技巧：注重改善个体之间的沟通方式，帮助人们学会如何有效地表达自己的需求和情感，同时也能更好地理解他人的需求和情感，从而促进人际关系的和谐。

（3）促进身心整合：最终目标是实现个体的"身心整合"，即内外一致，使个体在精神和身体上都达到一种平衡和统一的状态。

（4）开放性和创造性：具有很强的开放性和创造性，它整合了多种心理学理论，并吸收了东方文化的养分，使其在应用过程中具有较高的灵活性和适应性。

（5）系统性处理问题：从家庭、社会等系统方面着手，更全面地处理个人所面临的问题，这种系统性的方法有助于解决复杂的心理问题。

（6）体验性：强调体验性，即通过实际的体验来理解和改变个体的行为和情感，这种方法有助于个体更深刻地认识自己的内在世界。

萨提亚模式的核心理念和治疗技术在中国文化背景下得到了有效的本土化发展和应用，尤其是在处理家庭问题、亲子冲突、婚姻质量提升等方面展现出了显著的效果。它通过系统论的观点，将个人问题放置于更广泛的家庭和社会系统中进行分析和干预，这种方法在中国的家庭治疗实践中得到了广泛的认同和应用，也为促进家庭和谐、提升个体心理健康水平做出了积极贡献。

（二）萨提亚模式的主要理念和观点

　　萨提亚模式的理念主要围绕着个体的自我成长、自我价值感的提升及人际关系的改善，强调从系统的角度出发，关注个体内在资源的挖掘和利用，从而促进个体的心灵成长和身心健康。其主要观点（或信念）包括三个方面。

1. 对人的信念

（1）我们都是同一生命力的独特呈现，透过这股生命力相联结。
（2）人性的历程是普遍性的，因此适用于任何情况、文化及环境。
（3）人们因相同而有所联结，因相异而有所成长。
（4）父母常重复在其成长过程中熟悉的模式，即使那些模式是功能不良的。
（5）大多数的人在任何时候都是尽其所能而为。
（6）人性本善，人们需要寻找自己的宝藏，以便去联结并肯定自我价值。
（7）健康的人际关系是建立在价值的平等上。
（8）感受是属于我们的，我们都拥有它们，而且可以学习如何驾驭它们。

2. 对"应对"的信念

（1）我们拥有所需的一切内在资源，以便成功地应对和成长。
（2）人们的应对通常是在其痛苦经验中求生存的方式，而且这一点应该被承认。
（3）问题并不是问题，如何应对问题才是问题，个人受到问题冲击的大小，在于此人看待这个问题的认真程度。
（4）应对乃是自我价值层次的展现，自我价值愈高，则应对的方式愈统整。

3. 对"改变"的信念

（1）改变永远是有可能的；即使外在的改变有限，内在的改变仍是可能的。
（2）我们无法改变过去已发生的事情，但可以改变那些事情对我们造成的冲击。
（3）"希望"是"改变"的重要组成部分。
（4）过程是"改变"的途径。故事内容形成情境，而"改变"即在其中发生。
（5）大多数人选择他熟悉的更甚于"改变"所带来的不适，尤其是在承受压力当下。
（6）欣赏并接纳"过去"可以增加我们管理"现在"的能力。
（7）迈向完整的目标之一即接受父母也是人，并在人性的层次而非角色的层次上与他们相遇。

　　综上所述，萨提亚模式不仅关注个体的问题，还强调家庭作为一个整体单位的作用，通过改善家庭环境和功能，为个体提供一个更加和谐的成长环境。

(三) 萨提亚模式在研究生团体辅导中的应用

(1) 萨提亚冰山理论。萨提亚冰山理论认为，人的行为只是表象的一部分，而真正的动机和情感则隐藏在水面之下，如同冰山的主要部分是潜藏在水下的。通过画冰山图，深入探索个体的内在系统，可以更全面地理解其行为背后的深层原因，揭示不易察觉的内在动机和情感，促进个体的自我认知与成长（图15-1）。

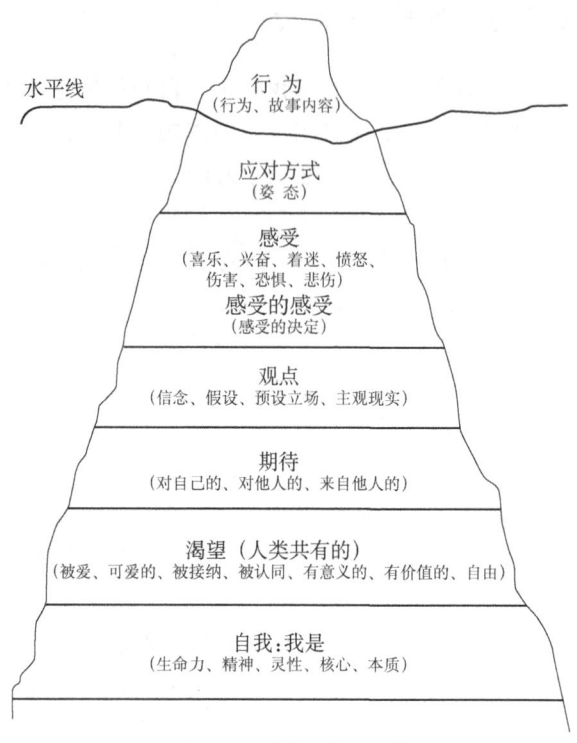

图 15-1 萨提亚冰山图

(2) 萨提亚原生家庭图。这是一种用于探索和理解个体与其原生家庭关系的工具，可以帮助个人识别和分析家庭成员之间的互动模式、沟通方式及这些因素如何影响个人的心理健康和行为。通过原生家庭图，个体可以看到自己在家庭中的位置，以及父母和其他家庭成员对自己的影响，这种视觉化的方法有助于揭示那些可能在日常生活中不易察觉的模式和冲突，从而促进个人成长和自我改变（图15-2）。

三、团体活动方案

(一) 画冰山图——探索行为模式及深层原因

1. 目标任务 了解自己的应对姿态和行为模式，探索其深层原因，找出难题是如何形成的，从而改善沟通方式，促进人际和谐。

2. 关键词 冰山隐喻；应对姿态。

3. 活动说明 30人以内，现场活动时间1.5h左右，分小组交流分享。

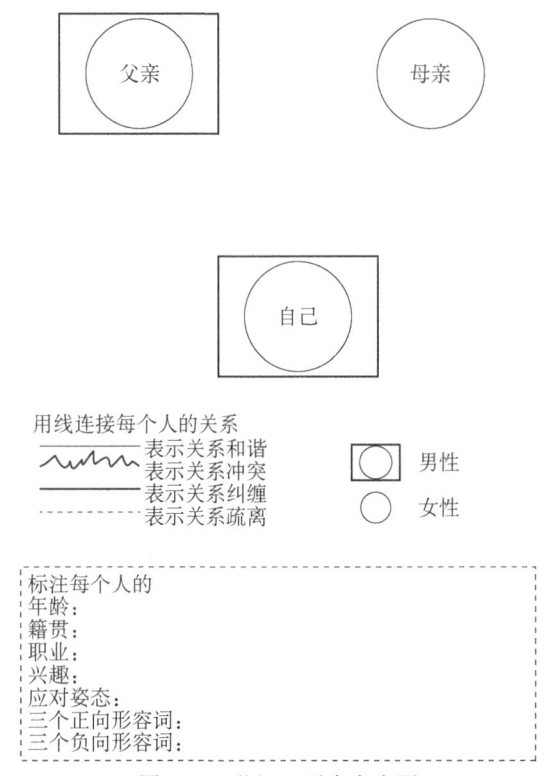

第十五章　生命与人际交往：以探索关系中的自我与成长为例 | 137

图 15-2　萨提亚原生家庭图

4. 活动设计与流程

（1）自我介绍（10min）。所有人围圈进行自我介绍，每人用 3 句话介绍自己。

（2）分组及确定角色顺序（5min）。

1）按顺序报数 1～10，相同数字的 3 人为一组，分组后确定角色及顺序，每人各扮演一次当事人、一次提问者、一次观察者。

2）所有人画出自己的冰山图。

3）所有人选择一个故事，内容是近期对自己冲击最大的一件事。

4）准备好之后开始分享、提问和观察。

（3）探索过程（每轮 15min，三轮共 45min）。

1）请扮演当事人的同学分享自己的冰山，描述自己的应对姿态和行为模式，讲述近期对自己冲击最大的一件事情，以及自己是如何处理这件事情的。

2）请扮演提问者的同学提出问题，引导当事人觉察自己，并讨论可能改变或优化的部分。

3）请扮演观察者的同学做好记录，反馈自己的感受给来访者和提问者，并给出自己的建议。

4）组内三位同学依次更换角色，完成三轮练习。

（4）自省与讨论（15min）。

1）请所有人先自省，记录练习过程中的收获。

2）请小组内分享讨论，评估对自己应对姿态、行为模式的了解程度和可能改变的部分。

3）通过自省和听取组内同学的建议后，为自己列出需改变的清单和方案。

（5）答疑与小结（15min）。

1）按自愿报名顺序，选择3组同学在大组进行分享。

2）所有人均可对萨提亚冰山理论、应对姿态等存在的问题、困扰进行提问，由同学或教师现场回答。

3）教师总结：对以上活动进行小结，鼓励大家做好准备，学会关注自己的内在，从而向一致性目标迈进。

（二）画原生家庭图——探索在关系中的成长

1. 目标任务　　通过画出自己的原生家庭图，用可视的方法厘清自己与家庭成员之间的动态关系，理解自己是如何被塑造成现在的自己，做到自我接纳，并尝试突破原生家庭的条规，成为更好的自己。

2. 关键词　　应对姿态；形容词；家庭条规。

3. 活动说明　　30人以内，现场活动时间1.5h左右，分小组交流分享。

4. 活动设计与流程

（1）分组。3人一组，角色仍为当事人、提问者和观察者，每人只能扮演一个角色，需提前确定。

（2）原生家庭图的画法及注意事项（10min）。为学生讲授萨提亚模式后，介绍原生家庭图的画法，引导学生规范每一个步骤（具体内容见图15-2），需要注意以下几点。

1）所有的信息都是有用的，只是有可能当下并未觉察。

2）所画图标注的信息以18岁之前的感受为主。

3）每组3个同学只选1个人分享，如都不愿意分享，请提前告知教师，根据其他同学的意愿，调整人员。

4）所有同学都要保护隐私，分享仅限于当前活动，不再带出至其他情境。

（3）绘制个人原生家庭图（30min）。

1）所有同学画出自己的两代（父母和自己）原生家庭图，按要求标注所有信息，其间不讨论、不交流，有问题直接询问教师。

2）在家庭图的下方写出尽可能多的家庭条规，最好不少于10条，如我做什么事都不会迟到。

3）不参与分享的同学请收好自己的图，课后练习再使用。

（4）分享与讨论（40min）。

1）当事人分享自己的两代原生家庭图，觉察并描述父母对自己潜移默化的影响有哪些。

2）当事人评价自己的原生家庭条规，看哪些是合理的，哪些是可以改变的。

3）提问者根据当事人的自我接纳程度，引导其更客观地看待自己的成长历程，并询问其有无改变的部分及打算。

4）观察者做好记录，向当事人和提问者反馈自己的感受和建议。

5）当事人做结束语，说出自己的打算。

（5）答疑与小结（10min）。

1）所有人均可对萨提亚原生家庭图提出问题或困扰，由同学或教师现场回答。

2）教师总结：对以上活动进行小结，引导大家觉察自己、接纳自己，尝试改变自己，成为更好的自己。

四、教学说明与总结

萨提亚模式团体心理辅导旨在引导学生对自己的原生家庭和成长经历进行探索并做到客观审视，通过自我体验、分享和讨论，引导学生深入了解自己是如何被塑造成当下的自我，承认、接纳自己的全部，并愿意改变自己，成为更好的自己，从而提升自尊感。活动开展中需要注意以下事项。

（1）客观审视并接纳自己的过去：个体的成长经历及其原生家庭，都可能对个体产生创伤，造成负面、长久且不易觉察的影响。通过团体辅导，引导学生站在"观察者"的角度，客观审视自己的过去，先做到允许自己、接纳自己，是教学的首要任务。

（2）坚信改变是可以发生的：引导学生在活动中对照当前的自己和18岁前的自己，在关系中已发生的变化，厘清哪些是自己觉察后主动改变的，哪些是通过外界助力改变的，还有哪些是可以改变的。认识到这些变化，能更好地体验自己的生命力是无穷大的，只要被激活，就可以让改变发生。

（3）坚持设定正向目标：改变的过程是漫长的，通常也是不顺利的，通过冰山图练习，尝试去处理容易着手的未满足期待，哪怕只是一点点。改变的目标务必聚焦在正向导向，即使改变的过程反反复复，只要通过不断练习与自省，目标终会实现。

（4）注重团体互动在活动中的作用：团体心理辅导中的三人小组，提供了安全、包容和私密的环境。学生在练习过程中变换角色，多角度体验了自我探索与觉察，通过分享和交流，有助于学生更全面地理解自己，也学会理解他人，在关系中提升自己的应对能力，促进自我和解与人际和谐。

本章活动旨在帮助学生通过实操体验、分享与交流，回顾自己的成长史和18岁前的家庭关系，觉察自己当下的应对姿态、行为模式和自我评价等，在"冰山"的更深层次探索自己、了解自己。通过活动练习，学生觉察到自己的过去与现在的联结，能够客观审视自己的成长和变化，厘清原生家庭各成员之间的关系及个体特征，允许并接纳自己现在的状态，尝试处理"未满足的期待"，尤其是"创伤"部分。学生意识到父母已经尽其所能，明白自己可以利用当下成年人的力量来改变自己，突破过去的影响，从而激活自己的生命力，更自主、更自信，做到真正的内外一致。

五、学生反馈

成员一：探索自己的冰山图非常神奇，在此之前，我几乎没有觉察过自己的行为模式，仿佛就是一种自动化的反应，即使出现不好的感受，我也是忽略它，从未认真地思考过，不好的感受源自哪里，经常感到自己是压抑的，但又不知从何处着手。通过了解自己的冰山图，我明白了行为背后的深层原因，我是属于"冰山"中"观点"层面非常固执的人，所有的行为都是为我已形成的"观点"而服务，我总是急匆匆地行动，而未曾考虑自己的"观点"是否合理，其对应的"期待"又是否能实现，让自己陷入一种"自责—无能"的循环中。通过这次活动，我会让自己慢下来，去学会联结自己的内在，学会改变自己的期待和观点，激发出自己生命的内动力，让自己的"冰山"流畅、通透起来。

　　成员二：通过画原生家庭图，剖析与家人的关系，我发觉成为今天的自己多少都与从小生活的家庭环境有关联，好像都是有影子在的，不是突如其来形成的，包括性格、习惯、价值观、情感模式等。感觉自己的内在气质，如不自信、不够勇敢，这些与家庭生长环境有密切关联。在剖析完之后，要尽可能地通过今后的改变来疗愈自己，过去的经历都已经是过去式，我们要做的是让今后变得更好。尽管原生家庭的影响很大，但是这些通过自我认知、心理疗法、培养自主性和独立性及建立健康的人际关系，可以摆脱其带来的负面影响，最终实现个人成长与发展。

　　成员三：在绘制原生家庭图的过程中，我发现自己对父母的了解并不充分，虽然我能够轻松写出他们的出生年月等基本信息，但对于他们的爱好和个性特点却模糊不清。这引发了我对自己是否只关注他们某一方面而忽略了整体的反思，也让我意识到我可能过于埋怨他们而忽略了很多。小时候，由于父母的忙碌，我很少有机会与他们亲近，常常是由其他人照顾我，那时候，我并不理解他们的忙碌背后所包含的责任和压力。随着成长，我逐渐理解了他们的辛苦，但同时也开始感到他们对我的过度约束和过高的期望，这导致了我对他们的反感和抵触情绪。然而，通过本次活动，我开始明白父母对我的约束实际上是出于对我的期待和爱的表达，他们希望我有更好的未来，不走他们的老路。我打算尝试与他们沟通，告诉他们时代在变，不能用当年的标准来衡量现在的情况。他们的初心是好的，只是方法可能不对。我相信我们的关系会有改善，父母也会给予我更多的自由和决定权，让我们之间的沟通更加顺畅，也让我更加珍惜与他们之间的感情。

　　成员四：在家庭关系图画到我本人的时候，我就觉得非常神奇，我从我身上看到了父母的影子，我们的生活方式、思维方式、处事方式，甚至以后的教育方式等，都会在不知不觉中学习父母当年教育我们的方式，而且会默认是对的，正如"孩子是父母生命的延续"，我在那一刻真真切切地感受到了和父母的亲密，也感到了幸福。当然也应该多观察和与别人沟通，发现自己生活中的问题，取原生家庭中的精华，去掉糟粕，一点点进步。同时也要理解父母的不容易，在他们角度上已经是把最好的给了我们。现在我们已经是独立的个体了，应该往前看而不是因为过去的一些行为或是其他方面而抱怨他们，将自己困在过去。

六、思考与练习

（1）结合本章内容，完成"三代家庭图"。通过收集信息，了解父母的成长经历；

记录父母在其各自家庭中受到的正面或负面的影响；梳理你现在的家庭条规，看看有多少是从父母的上一代延续下来的；根据以上探索，觉察你是否对自己的现在更加理解和接纳；所以，你的下一步打算是什么？

（2）生命中的关系对你的成长有哪些重要影响？分享一个特别的人际关系经历，它如何塑造了你现在的价值观和人生态度？

（3）通过与不同背景和文化的人建立联系，你学到了哪些关于世界和自己的新见解？这些见解如何影响了你对人际交往和生命意义的理解？

七、拓展阅读

（1）贝曼. 当我遇见一个人[M]. 宗敏等译. 太原：希望出版社，2011.
（2）葛莫利. 大象在屋里[M]. 释见晔等译. 上海：上海三联书店，2014.

八、教师札记

生命是一场旅程，而人际交往则是我们在这旅程中无法避免的一部分。人们在不同阶段和环境中交织出复杂的关系网络，这些关系不仅塑造了我们的身份和社会角色，也深刻影响着我们的情感、思想和行为。

首先，生命中的每个人际关系都是一扇窗户，透过它我们可以看到不同的世界和观念。每个人带来的经验、信仰和价值观都是独一无二的，这种多样性丰富了我们的人生体验，拓展了我们的视野。因此，理解和尊重他人的独特性是建立健康人际关系的重要基础。

其次，人际交往不仅是信息交流的过程，更是情感的交融和支持的来源。在生活中遇到困难或挑战时，来自朋友、家人或同事的情感支持至关重要。这种情感互动不仅能够减轻心理负担，还能够增强个体的抗压能力和情感韧性。

再次，人际交往也是自我认知和成长的关键路径。通过与他人的交流和互动，我们不仅能够更好地认识自己的情感和需求，还能学习如何有效地表达和沟通。这种反思和学习过程不仅帮助我们建立更加坚固和互惠的人际关系，也促进了个人成长和心理健康的发展。

最后，人际交往也是一种持续的学习和适应过程。在多元化和快速变化的社会环境中，我们需要不断调整和适应不同人际关系中的角色和期望。这种灵活性和适应性不仅有助于我们在社会中取得成功，也使我们的人生更加充实和丰富。

因此，生命与人际交往之间的联系是深刻而复杂的。它不仅塑造了我们的社会身份和情感体验，也是我们成长和发展过程中不可或缺的一部分。通过深入思考和体验这些关系，我们能够更好地理解自己和他人，更有意义地度过我们的生命旅程。

九、主要参考文献

贝曼. 萨提亚转化式系统治疗[M]. 钟谷兰等译. 北京：中国轻工业出版社，2009.
萨提亚. 萨提亚家庭治疗模式[M]. 聂晶译. 北京：世界图书出版公司，2007.
萨提亚. 新家庭如何塑造人[M]. 易春丽等译. 北京：世界图书出版公司，2006.
萨提亚，鲍德温. 萨提亚治疗实录[M]. 章晓云，聂晶译. 北京：世界图书出版公司，2006.

第十六章　生命与自我认知：以优势发展与自我成长为例

一、学习目标

● 经历生命，把握自我意识，深化自我认知，探索和挖掘自身的人格特质和潜在优势。
● 认识生命，挖掘自我优势，精准识别和有效发挥优势，建立积极的自我形象。
● 体会生命，联系自我认知，提升自我觉察能力，增强内在动力与自我效能感。
● 感悟生命，体察自我能力，科学合理地定位自己、明确方向，促进个人成长与发展。

二、背景资料

（一）优势理论提出的背景

优势理论指的是通过发掘和利用个人优势，更好地发挥潜能和实现自我价值。与传统的心理学视角不同，优势视角不提倡"弥补短板"，而是在合理管理弱点的基础上，倡导"充分扬长"，强调如何发现并利用个人优势，以此获得人生的成就感和幸福感。优势理论是积极心理学研究的重要领域之一，积极心理学强调关注个体的积极特质、力量和美德，而不仅仅关注问题和消极情绪，并认为通过发掘和利用这些优势，可以帮助个体更好地成长和发展。

关于优势的内涵，可以借助"木桶理论"来加深理解。木桶理论是一个经典的管理学原理，这一理论的核心观点是：一个木桶能够装下多少水，不是取决于最长的那块木板，而是取决于最短的那块木板。在木桶理论中，短板是指那些能力较弱或表现不佳的个体或环节，这些短板会限制整个组织或系统的性能，因此木桶理论认为提高短板的高度是提升整体性能的关键。随着时代的发展和管理的进步，新木桶理论应运而生。新木桶理论强调了木桶板之间的缝隙对盛水量的影响。即使每块木板都很高，但如果它们之间存在缝隙，那么水也会从缝隙中流出，从而降低整体盛水量。此外，当木桶倾斜时，能够装下的水量将取决于长板的高度和斜度。这一原理强调了团队协作、发挥优势并形成独特的核心竞争力的重要性。

传统的教育中，弥补短板的教育理念深入人心，许多人终其一生都不知道自己真正擅长什么，也没有机会充分挖掘和发挥自身的优势。事实上，弥补短板只能决定你的发展下限，只有发挥优势才能无限拓展你的发展上限。正如美国著名管理学大师彼得·德鲁克所言："卓越的管理者都不是靠死磕弱势，而是在自己的长板上不断精进和发挥，才形成了无可匹敌的卓越成就。"

（二）优势理论的主要观点

优势理论强调个体的内在优势和潜能的重要性。它认为每个人都有自己独特的优势和才能，这些优势和才能是个体在特定领域或情境下展现出的积极特质和能力，是构成个体独特性的核心，也是个体实现自我价值和追求幸福的关键。综合起来，积极心理学视角下的优势理论主要有以下观点。

（1）人不可能事事皆行，但每个人都有自己独特的优势，都可以人尽其才。
（2）做自己喜欢和擅长的事会事半功倍，更容易获得幸福感，也更容易走向卓越。
（3）弥补弱点可以防止失败或控制损失，但唯有发挥优势才能通往成功。
（4）真正的优势通常是一种隐性资源，大多数人未能觉察，需要主动探索、积极挖掘和有意识地发展自身优势。

综上所述，优势理论的主要观点包括：强调个体的内在优势和潜能，主张积极发掘和利用优势，认为优势是幸福和成就的主要基石，强调优势与人生发展结合等。这些观点为研究生成长发展提供了认识和利用自身优势的新视角，有助于个体实现更加积极、幸福和有意义的生活。

（三）积极心理学视角下优势理论的应用

积极心理学视角下的优势理论应用广泛且深远。它强调每个人都有自我整合和克服困难的力量。研究生的成长发展尤其需要探索和挖掘自己独特的优势，激发内在潜能。基于这些优势理论开展团体心理辅导，可以引导和帮助学生深入探索自我，在团体互动中了解自身优势，建立积极自我认知，增强自我效能感并有助于构建积极的人际关系。

在积极心理学视角下的优势理论应用主要包括两大领域：品格优势和天赋才干。

（1）品格优势是个体在道德品质上表现出的卓越特质，是个体在长期的生活经历中形成的稳定且积极的性格特征。塞利格曼与彼得森归纳出24项品格优势，涵盖6大美德，它深植人性，影响心智、行为及价值观，是我们在面对生活中的各种情境时所展现出的高尚品质和道德力量。此外，品格优势可以培养和发展，它们更侧重于道德的成长（图16-1）。

（2）天赋才干是指个体与生俱来的或在成长过程中自然显现的卓越能力和潜在特质。这些特质可能体现为某一技能领域的卓越表现、独特的思考模式或对某一知识领域的深刻洞察，它们与个体的兴趣、能力和成就紧密相连。这些才干深藏于我们的生命之中，时刻影响着我们的决策与行动，使我们在某些领域中脱颖而出。随着对它们了解的深入，我们会愈发明白每个人独特的差异所在，以及如何更好地运用这些才干以实现卓越表现。全球知名的咨询与民调机构——盖洛普公司开发了一款科学有效的工具，可以帮助人们通过系统的测量准确识别自己的天赋才干。这些天赋才干涵盖4个领域共计

34 项主题，为人们挖掘与发挥自身潜能提供了有力的支持（图 16-2）。

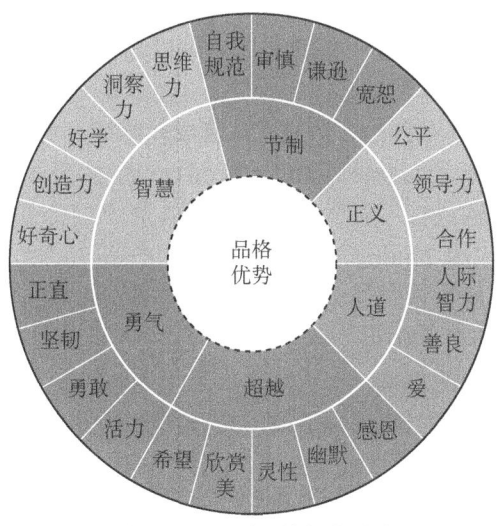

图 16-1　24 项品格优势分类

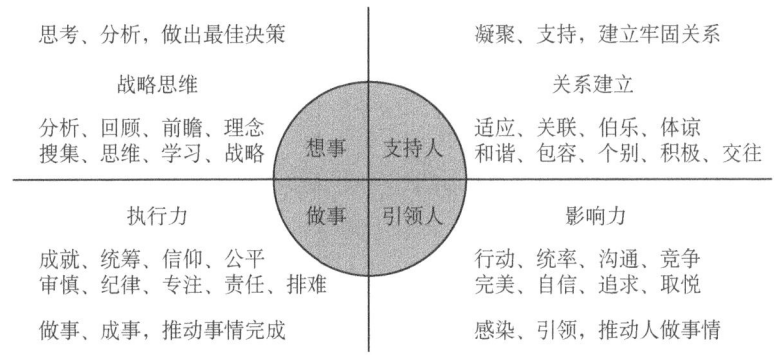

图 16-2　盖洛普 34 项天赋才干主题

三、团体活动方案

（一）24 项品格优势探索

1. **目标任务**　　帮助学生深入探索自我，挖掘自身潜能，指导学生在未来学习、生活中有意识地发展和运用这些优势。
2. **关键词**　　自我探索；品格优势与美德。
3. **活动说明**　　30 人以内，现场活动时间 1.5h 左右，分小组交流分享。
4. **活动设计与流程**
（1）分组：每 6 名学生组成一个成长小组。
（2）初相识——个性桌牌（每人 2~3min，约 15min）。
1）每位同学用 A4 纸为自己做一个姓名桌牌，桌牌的一面写上自己的姓名。
2）桌牌另一面写出 3 个词，来代表自己最典型的特质或者自己最突出的优点。

3）小组中每个成员依次介绍自己的姓名及人格特质或优点，加深彼此之间的了解。

（3）我的成就故事（每人4min左右，约25min）。

1）请每位同学分享一件印象深刻的事情，可以是自己曾经的高光时刻，也可以是让自己感到最满意或感触最深难以忘怀的事件，当然，它也可以只是一件平常的小事。总之，你在这件事情中感到对自己满意或者富有成就感等，真诚地将它在小组内分享。

2）一位成员分享结束，小组成员间简单反馈自己的感受或想法给对方。

3）按照以上步骤依次进行，直至所有成员分享完。

（4）品格优势画像（约20min）。

1）请在小组间将桌牌按逆时针轮转，每个人在其他成员的桌牌上添加1~2个词，作为对其特质或优点的补充反馈。

2）依次轮转直至自己的桌牌再次转回来，小组间的相互反馈完成。

3）小组内自由分享桌牌上的优势画像，充分交流感受。

（5）思考及讨论（30min）。

1）请凝练自己最突出的5个品格优势。

2）如何把这些优势与个人发展及人生目标结合？

3）教师答疑：解答学生存在的问题、困惑及想了解的知识，帮助同学们加深对自身优势的理解和运用。

（二）盖洛普天赋才干主题探索

1. 目标任务　　帮助学生对自己的天赋才干进行全面、深入的探索和梳理，参照盖洛普天赋才干优势理论对自己具体的才干主题进行深入理解。

2. 关键词　　自我探索；天赋才干；标志性优势。

3. 活动说明　　30人以内，现场活动时间1.5h左右，分小组交流分享。

4. 活动设计与流程

（1）分组：每6名学生组成一个成长小组。

（2）盖洛普优势理论导入（20min）。通过教学完成理论导入，认识盖洛普优势及才干主题，引导学生理解其核心理念及盖洛普34项天赋才干主题的命名与主要特点（具体内容见图16-2），需要注意以下几点。

1）天赋才干没有好坏之分，每一种才干都是资源，关注的重点是如何合理发挥。

2）相同的主题才干，也可能有不同的表现，关注的重点是这些才干如何影响自己的行为。

3）排名靠后的才干是使用较少的才干或者某项突出才干必然的另一面。

4）不随意贴标签，明确优势才干，有意识发挥；也理解自己的弱点，合理管理。

（3）绘制个人优势宝藏地图（30min）。绘制自己的优势宝藏地图，将自己的才干主题按照"突出、辅助和弱势"进行分组，思考自己非常了解、经常投入的才干和几乎不了解、极少投入的才干，在小组中进行充分交流、讨论和分享。

（4）设计团体优势生命树（20min）。

1）小组成员一起绘制本组的"优势生命树"，即将小组成员所有的标志性优势以绘画形式表达出来,由各小组全体成员自行设计制作,风格不限。

2)大组分享环节:请每个小组选择一名代表来介绍本组的"优势生命树",并用几句话总结小组活动感受。

(5)思考及讨论(20min)。

1)请总结自己最突出的 5 个标志性优势才干。

2)交流分享这些优势才干与自己的兴趣及擅长的联结,并思考其在自己身上的运作模式。

3)教师答疑:解答学生存在的问题、困惑及想了解的知识,帮助同学们加深对自身才干的理解和运用。

四、教学说明与总结

优势探索团体心理辅导旨在引导学生对自己的优势进行充分发掘与探索,通过团体体验、分享和讨论,引导学生深入认识自我,发掘并强化个人优势,从而增强自信,提升自我效能感。活动开展中需要注意以下事项。

(1)明确优势探索的核心意义:每个人都有自己的独特之处,这些品格特质或才干构成了我们的个人优势。通过团体心理辅导,引导学生积极探索自我,认识并发展自己的独特优势,是教学的首要任务。

(2)探索和明确自己的独特优势:小组活动将深入剖析每一种优势,使学生们洞悉优势背后的品格及天赋才干的力量,认识到这些正是个人能力的核心,是成就辉煌人生的基石。

(3)注重团体互动在优势探索中的作用:团体心理辅导提供了一个安全、包容的环境,让学生在互动中观察、了解自己和他人的优点,并通过分享和交流,增进彼此的了解和信任。这种互动过程有助于学生更全面地认识自己,同时也能够激发他们发掘和发展个人优势的动力并增进小组成员间的关系。

(4)关注持续成长与积极自我发展的理念:优势并非一成不变,它可以在后天有意识地培养和发展。通过团体互动和实践应用来强化这些优势,引导学生不断发展和发挥自己的优势,追求个人持续成长,可以为未来发展奠定坚实的基础。

本场活动旨在帮助参与者通过体验、分享与交流,探索自己的独特优势。当优势从潜意识的深处跃升至意识层面,学生才可以将无意识中的优势转化为有意识地应用这份力量,助力自我成长,这也意味着掌握了开启内在自我潜能的钥匙,从而在未来生活中最大化发挥个人优势,成就卓越。成功的道路千万条,关键在于找到适合自己的那一条。因此,发掘和理解自身才干,投入时间加以练习并整合发挥,是每个人追求成功和幸福的最佳路径。

五、学生反馈

成员一:以前我很少去认真思考自己有哪些优势,但是这次活动带动我去挖掘、探索，并收获了属于自己的宝藏。出乎意料的是，我竟然具有社会智慧等人道方面的优势，是一个具有影响力的人。但仔细想想，自己似乎真的具有这些品质，只是以前从未意识到。发现我好像并不是一无是处，我也是一个有价值和优势的人，这让我充满力量。

成员二：参加这次活动最大的收获就是发现了自己的品格优势。尽管我知道自己仍有很多不足，但是听完优势理论之后，我明白了当前最应该做的是发展自己的优势，把自己的品格优势转变成能力优势，让它们为自己所用，并创造出价值。之前我一直没有想过自己会有哪些优势，甚至不觉得自己有什么优点，但是通过测评，我意识到，每个人都非常独特，拥有属于自己的宝藏，只是之前我们从未发现。我的前5项优势分别是：幽默、希望、感恩、创造力和好奇心。天啊，每一个我都特别喜欢，我真的很欣喜，它们是我的财富，并且我无时无刻不带着这样的财富，我变得更加自信和喜爱自己了。有了这样的觉察，我想我会更加有意识地去运用这些优势。

成员三：在入组时，我最大的疑惑是：我有优势吗？它会是什么？通过这次练习，我现在可以很坚定地回答我自己：我是一个有优势的人，我的优势就是拥有社会智慧。能有机会去发现、挖掘和认识自己的优势，这真的是非常棒的体验，那种感觉怎么形容呢？就像是老天给了每个人一个百宝箱，通过这次辅导，我解锁了这个百宝箱，清楚地知道自己的箱子里有哪些工具，并学习了如何使用它们来帮助我应对人生中的挑战，这种感觉让我无比兴奋，也能更加自信地面对未来……我会记住这次特别的经历，还会将它分享给更多的人。

成员四：我从小到大习惯了做听话的"好孩子"、成绩还不错的"好学生"，可除此之外，我并不知道怎样做一个独立的人。长辈说好就读研，同学说有用就考证，父母说稳定就备考公务员，我从未思考过自己喜不喜欢、是否擅长。长此以往，我为那个"稳定的"、父母满意的未来拼尽全力，却又经常为自己的选择后悔，因为我从来没有遵从内心坚定地选择过什么，因为我从不了解自己内心究竟想要怎样的人生……似乎越长大越平庸，自己也越来越迷茫……认识自己真的太重要了，盖洛普让我意识到，每个人都有自己独一无二的天赋，只是习惯性把精力放在弥补缺点上，费尽力气也只能勉强成为一个"平均"的人，最重要的是，在这个过程中，人们很难安心和快乐。"找到天赋、反复练习、达到卓越"，我渐渐体会到了天赋为自己带来的好处，也越来越喜欢自己，开始成为以往自己最羡慕的人：对未来更有信心，选择也更加坚定。

六、思考与练习

（1）结合本章内容，完成以下"优势与生涯规划档案"。总结归纳以下问题：列出自己最突出的5个品格优势；列出自己的盖洛普标志性才干前5项；请用一句话描述自己的优势；根据以上探索，列出自己最感兴趣的职业；列出自己的生涯目标；列出自己拥有的资源；列出当下的行动计划。

（2）生命中的哪些经历或人际互动对你形成了深刻的自我认知？这些经历如何影响你目前的生活和决策？

（3）自我认知对你的情绪管理和人际关系有何影响？你是如何利用这种认知来维护个人心理健康和增进与他人的理解与沟通的？

七、拓展阅读

（1）彼得森. 打开积极心理学之门[M]. 侯玉波，王非译. 北京：机械工业出版社，2010.

（2）符丹. 大学生积极心理发展与自我成长[M]. 西安：陕西师范大学出版社，2023.

（3）拉思. 盖洛普优势识别器2.0[M]. 常霄译. 北京：中国青年出版社，2012.

（4）塞利格曼. 真实的幸福[M]. 沈阳：万卷出版公司，2010.

（5）塞利格曼. 持续的幸福[M]. 杭州：浙江人民出版社，2012.

（6）塞利格曼. 认识自己，接纳自己[M]. 沈阳：万卷出版公司，2010.

八、教师札记

每个人的生命都是独特而宝贵的旅程。我们经历了成长的点点滴滴，不断面对挑战和机遇。这些经历塑造了我们的个性和价值观，同时也影响着我们对自己的认知。生命不断推动我们前行，而我们的自我认知则帮助我们在这个旅程中找到方向和意义。了解自己的能力、弱点、情感和价值观是自我认知的核心。它不仅是对自己的表面了解，更是对内心深处的探索。通过自我认知，我们能够更清晰地认识自己的目标和渴望，以及如何实现个人成长和幸福。

每个人都有独特的天赋和优势。通过认知和发展这些优势，我们能够更好地在学业、职业和人生中发挥作用。自我认知帮助我们了解自己在哪些领域有特长，这样我们就可以更专注地提升这些技能，为自己的成长打下坚实的基础。

良好的自我认知有助于我们建立健康的心理模式和情感管理能力。通过了解自己的情感需求和应对压力的方式，我们能够更好地调整自己的情绪状态，保持内心的平衡。这种内在稳定和清晰的自我认知，是支撑个人心理健康的重要基础。自我认知不仅是了解自己的工具，而且能够帮助我们制订和实现个人目标。通过意识到自己的优势和挑战，我们可以制订更具体和可操作的目标，并通过不懈地努力和自我反思，逐步实现这些目标。

生命是一次奇妙的旅程，而自我认知则是我们在这个旅程中的灯塔和指南针。通过深入探索和理解自己，我们能够更好地成长和发展，为自己的未来奠定坚实的基础。希望每一位同学都能从这堂课中汲取深刻的感悟，并将这些思考和理解应用到自己的生活和学习中去。

九、主要参考文献

彼得森. 打开积极心理学之门[M]. 侯玉波，王非译. 北京：机械工业出版社，2010.
符丹. 大学生积极心理发展与自我成长[M]. 西安：陕西师范大学出版社，2023.
克利夫顿，纳尔逊. 放飞你的优势[M]. 方晓光译. 北京：中国社会科学出版社，2012.
拉思. 盖洛普优势识别器 2.0[M]. 常霄译. 北京：中国青年出版社，2012.
赵新凭. 大学生生涯规划与职业发展[M]. 北京：北京大学出版社，2015：8.